21世纪高等教育数字艺术与设计规划教材

Photoshop CS5
平面设计实例教程

○王树琴 李平 主编 ○丁莉 马丽媛 刘艾琳 副主编
○傅连仲 主审

U0343273

人民邮电出版社
北京

图书在版编目（CIP）数据

Photoshop CS5平面设计实例教程 / 王树琴，李平主编. -- 北京 : 人民邮电出版社，2013.10（2016.1 重印）
21世纪高等教育数字艺术与设计规划教材
ISBN 978-7-115-32320-0

Ⅰ．①P… Ⅱ．①王… ②李… Ⅲ．①图象处理软件－高等学校－教材 Ⅳ．①TP391.41

中国版本图书馆CIP数据核字(2013)第223808号

内 容 提 要

本书内容共 10 章，涵盖了 Photoshop 软件操作中涉及的大部分知识点，从 Photoshop CS5 的基本操作入手，循序渐进地介绍了图像选区的创建及编辑、图像的绘制与编辑、图层的应用、路径及形状的绘制、文本的编辑、通道和蒙版的应用、调整图像颜色、滤镜的应用及综合设计等内容。每一章又包含知识解析、课堂案例、技能实训练习、技巧点拨等部分，内容选取循序渐进，案例经典，辐射面宽。本书所有的章节都选取了 3～5 个设计案例及 3～5 个技能实训练习，将基础知识透过项目案例传达给读者，用大量的实例讲解专业基础知识和设计元素是如何在设计实践中应用的，此外还有精彩的课堂案例和经典的技能实训练习。

本书可作为高等院校 Photoshop 课程的教材，也可以供有兴趣的读者自学参考。

◆ 主　编　王树琴　李　平

副主编　丁　莉　马丽媛　刘艾琳

主　审　傅连仲

责任编辑　王　威

责任印制　沈　蓉　焦志炜

◆ 人民邮电出版社出版发行　北京市丰台区成寿寺路 11 号

邮编　100164　电子邮件　315@ptpress.com.cn

网址　http://www.ptpress.com.cn

三河市海波印务有限公司印刷

◆ 开本：787×1092　1/16

印张：21.5　　　　　　　　　　2013 年 10 月第 1 版

字数：541 千字　　　　　　　　2016 年 1 月河北第 3 次印刷

定价：49.80 元（附光盘）

读者服务热线：(010)81055256　印装质量热线：(010)81055316
反盗版热线：(010)81055315

广告经营许可证：京崇工商广字第 0021 号

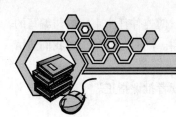

前言

  Photoshop 是一款应用于平面设计的优秀辅助设计软件，功能强大，在图形图像领域独占鳌头，随着 Photoshop CS5 新版本的推出，其功能也在不断增强。为了让学生能真正学到满足就业要求的知识，面向工作流程，提高完成实际工作所需要的能力，我们几位长期在院校从事 Photoshop 教学的教师，共同编写了这本《Photoshop CS5 平面设计实例教程》。

  本书的内容和体系设计充分考虑了学生的认知规律和艺术设计能力的发展要求。我们对本书的体系结构做了精心的设计，按照"知识解析—课堂案例—技能实训练习—技巧点拨"这一思路进行编排。知识解析以知识为主线，从平面设计的角度讲解包括图层、通道、蒙版、路径等工具的使用方法及图形图像设计的基础知识和设计方法。课堂案例选取具有实用性、可操作性、针对性强的真实案例，由课堂案例的设计开始，对案例的制作方法进行讲解，尽可能地展现具体过程，将基础知识透过案例传达给读者，阐明专业知识之间的内在联系，让学生能够举一反三，全面掌握整个知识体系。本书突出体现了"注重实践"的高等职业教育特点，不仅仅讲授怎么做，重点放在了开拓思路、开发学生的设计构思上，让专业基础知识学习与社会实践相融合，具有较强的指导性。本书的技能实训练习与基础知识紧密结合，充分体现了这门课的实践性特点，并与不同专业结合，具有较灵活的选择性。技巧点拨介绍 Photoshop 的应用技巧，将制作方法贯穿其中，重点突出，结构清晰。

  本书配备有精美的教学课件、全部素材图片、全部案例最终效果文件等丰富的教学资源。读者可到人民邮电出版社教学服务与资源网（www.ptpedu.com.cn）免费下载这些素材，跟随书中的讲解进行操作，从而达到事半功倍的效果。

  本书的参考学时为 64 学时，其中实践环节为 30～34 学时，各章的参考学时参见下面的学时分配表。

章　　节	课　程　内　容	学 时 分 配	
		讲　授	实　训
第 1 章	图像的基础知识和 Photoshop CS5 概述	2	2
第 2 章	创建和编辑选区	2	2
第 3 章	图像的绘制与编辑	4	4
第 4 章	图层的应用	4	4
第 5 章	路径和形状的绘制	4	4
第 6 章	文本的编辑	2	2
第 7 章	通道和蒙版的应用	4	4
第 8 章	调整图像颜色	4	4
第 9 章	滤镜的应用	2	4
第 10 章	综合设计	2	4
课时总计		30	34

本书由王树琴、李平任主编，丁莉、马丽媛、刘艾琳任副主编，傅连仲任主审，参与编写的还有郝鹏、邢悦、张靖瑶、张颖、田帆等，我们在此表示诚挚的感谢。同时也向给予过我们热情帮助和支持的各位老师表示诚挚的谢意。

由于编者水平有限，书中难免存在疏漏和不妥之处，敬请广大读者批评指正。

编　者
2013 年 7 月

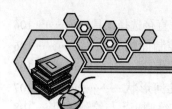

目　录

第1章

图像的基础知识和 Photoshop CS5 概述

Photoshop 是一款强大的图像处理软件，是 Adobe 公司旗下最为出名的图像处理软件之一。它在平面广告设计、包装设计、三维帖图处理、建筑效果图后期修饰、界面设计，乃至影视后期制作、二维动画制作等领域都有广泛的应用。

本章将主要介绍 Photoshop 的应用领域，图形图像的基础知识，包括位图、矢量图、像素、分辨率、色彩模式等概念，以及 Photoshop CS5 的工作界面、操作方法等。

技能目标：
- 了解位图与矢量图的概念及区别
- 了解像素与分辨率的概念
- 了解图像的色彩模式及其文件格式
- 熟悉 Photoshop CS5 的工作界面
- 掌握图像文件的基本操作方法
- 掌握图像的基本编辑方法

相关知识：
- Photoshop 的应用领域
- 色彩和图像的基础知识
- 图像文件的基本操作方法
- 图像的基本编辑方法

1.1 Photoshop 应用及功能

1.1.1 Photoshop 应用领域

Photoshop 是当前图像设计领域中应用最多的软件之一，是集图像扫描、编辑修改、图像创作、广告创意、图像输入与输出于一体的图形图像处理软件。它在对图像的控制、色彩调整以及图像的合成等诸多方面具有强大的功能，深受广大平面设计人员和电脑美术爱好者的喜爱，是当代设计者不可不学的应用软件之一。

多数人对于 Photoshop 的了解仅限于"一个很好的图像编辑软件"，并不知道它的诸多应用领域。实际上，Photoshop 的应用很广泛，包括在图像处理、图形绘画、插画上色、海报设计、多媒体界面设计、网页设计等诸多艺术与设计领域。其中平面设计是 Photoshop 应用最为广泛的领域，无论是我们正在阅读的图书封面，还是大街上看到的招帖、海报，这些具有丰富图像的平面印刷品，基本上都需要 Photoshop 软件对图像进行处理。广告摄影作为一种对视觉要求非常严格的工作，其最终作品往往需要经过 Photoshop 的处理才能得到满意的效果。建筑效果图后期修饰，包括许多三维场景、人物与配景包括场景的颜色常常需要在 Photoshop 中调整。由于 Photoshop 具有良好的绘画与调色功能，许多插画设计制作者往往使用铅笔绘制草稿，然后用 Photoshop 填色。在三维软件中，能够制作出精良的模型，而无法为模型应用逼真的贴图，也无法得到较好的渲染效果，除了要依靠软件本身具有材质功能外，利用 Photoshop 可以制作在三维软件中无法得到的合适的材质。界面设计的专业，绝大多数设计者使用的都是 Photoshop。实际上 Photoshop 应用的领域，不止上述这些，目前的影视后期制作及二维动画制作，Photoshop 也应用很广泛。

1.1.2 Photoshop 的主要功能

Photoshop 这个图像处理软件，使设计者可以根据自己的创意，通过对图像的修饰、对图形进行编辑、对图像的色彩处理还有绘图和输出等功能，制作出现实世界里无法拍摄到的图像。由于 Photoshop 具有颜色校正、修饰、加减色浓度以及灯光效果等全套工具，所以用户可以快速合成各种景物、对图片进行各种加工润色、后期处理。总之，Photoshop 可以使你的图像产生特技效果，可以用来完成独立的艺术创作。

优秀作品赏析如图 1-1～图 1-6 所示。

图 1-1 影视特效设计

图 1-2　摄影作品处理

图 1-3　海报设计

图 1-4　插画上色

图 1-5　网页设计

图 1-6   界面设计

1.2 色彩和图像的基础知识

1.2.1   位图与矢量图

1. 位图

位图又称为点阵图，是由许多深浅、颜色不一的小方块组成的。每个小方块就是一个像素。像素是组成图像的最小单位。这些像素点整齐地排列在一起，形成了一幅色彩丰富、完整的图像。放大位图后，可看到图 1-8 所示就是我们常说的马赛克。

图 1-7   图 1-8

日常生活中，我们所扫描的图像、拍摄的照片都属于位图。其优点是色彩、色调自然、逼真、变化丰富，可以较真切地反映出外界事物。缺点是文件尺寸一般较大，放大或缩小时都会产生失真现象，且与分辨率有关。

2. 矢量图

矢量图形的文件大小主要由图形的复杂程度来决定，因为矢量图形是用数学公式表达的。矢量图是由诸如 Adobe Illustrator、CorelDraw 和 AutoCAD 等矢量绘图软件绘制而成的，主要利用图形的几何特性进行描绘。其优点是占用磁盘空间较小，在对矢量图形进行放大时，不仅不会产生如锯齿、形变、色块化等失真畸变的画面现象，而且通过打印机输出后的画面可能要比计算机中显示的图像画面更清晰，且与分辨率无关。矢量图常用于 VI、标志、卡通设计等，其最大的缺点是难以表现出各种绚丽、丰富多彩的景象。矢量图放大后如图 1-10 示。

图 1-9

图 1-10

1.2.2　像素与分辨率

1. 像素

像素是构成位图的最小单位。它的尺寸与分辨率有关，分辨率越大，像素尺寸越小，图像的质量越好。

2. 分辨率

分辨率是描述图像细节表现力的重要性能指标。它的种类很多，主要包括图像分辨率、屏幕分辨率等。

图像分辨率是指图像中每单位长度的像素数目，一般以"像素/英寸"或"像素/厘米"为单位。同样尺寸的图像，分辨率越高，图像越清晰，所含的信息量也越大，相应地存储容量也越大。

屏幕分辨率也称显示分辨率，是指显示器上每单位长度所显示的像素数目。屏幕分辨率依赖于显示器尺寸与其像素设置。显示器可以显示的像素数目越多，图像越逼真。

1.2.3　色彩模式

在 Photoshop 中，色彩模式是非常重要的。它确定了如何显示和表现图像的色彩。常用的色彩模式有 RGB 模式、CMYK 模式、Lab 模式。

RGB 模式。该模式是 Photoshop 软件编辑图像时最佳的色彩模式。在该模式下，图像的颜色是由红（R）、绿（G）、蓝（B）3 种色光混合而成的，因此也被成为加色模式。而 3 种颜色每一种都被分为 256 阶，也就是 256 个亮度水平级。3 种颜色相叠加，就会产生 1670 万种可能的颜色，俗称"真彩色"。

CMYK 模式该模式是一种印刷模式，是由青（C）、洋红（M）、黄（Y）、黑（K）4 种颜色混合而成的。而每一种颜色的变化是用百分比表示的，如明亮的红色为（2、93、90、0）。当 4 种颜色的值都是 0%时，就会产生纯白色。在 Photoshop 中编辑图像时，一般不采用该模式，因为该模式下产生的图像文件较大，并且很多 Photoshop 提供的滤镜都不能使用。如若编辑的图像需要打印或印刷，可以在输出前转换成 CMYK 模式。

Lab 模式。该模式是一种国际色彩标准模式。它是由亮度通道（L）和两个色彩通道（a 与 b）来表示颜色的。a 代表从绿到红的颜色范围，b 代表从蓝到黄的颜色范围。从理论上来讲，该模式包括了人眼的所有可见色彩。在该模式下，图像的处理速度与 RGB 模式相仿，比 CMYK 模式快数倍。而且在把该模式转换成 CMYK 模式的过程中，所有的颜色不会被替换或丢失。

1.2.4　图像文件格式

每一件设计作品完成之后，都要进行存储。而图像数据的存储内容和存储方式则是由图像的文件格式决定的。在 Photoshop 中，有 20 多种文件格式可供选择，每一种都有自己的用途和特点。下面介绍几种常用的文件格式。

PSD 格式。是 Photoshop 支持的专用文件格式。其优点是可保存图像数据的细小部分，如图层、遮罩、通道等，不会造成任何的数据丢失，便于下次修改。缺点是存储的图像文件尺寸较大。

JPEG 格式。是应用最广泛的一种压缩格式，其最大特点是采用有损压缩，且压缩性很强。并在 Photoshop 中可以选择从低、中、高到最高 4 种压缩品质，品质越高，图像损失的数据就越少，而存储空间就越大。多用于网页素材图像。

TIFF 格式。是广泛应用的一种图像文件格式。它采用无损压缩方式来存储图像信息。几乎所有的图像处理软件和扫描仪都支持它。其特点是存储信息多，图像格式复杂。适用于印刷与输出。

GIF 格式。最多可包含 256 种图像颜色。其特点是压缩率高，文件尺寸较小。大量应用于网页动画与网页图像中。

BMP 格式。是 Windows 操作系统中的标准图像文件格式。其特点是采用无损压缩，图像完全不失真，但文件尺寸较大。广泛应用于黑白图像文件，清晰度较高。

1.3　Photoshop CS5 概述

1.3.1　Photoshop CS5 工作界面简介

1．启动

安装好 Photoshop CS5 程序后，我们可以使用两种方法来启动它。

● 选择桌面任务栏中的开始菜单："开始"/"程序"/"Adobe Photoshop CS5"命令。

● 如果桌面上有 Photoshop CS5 的快捷启动图标，双击即可启动程序。如图 1-11 所示。

2．工作界面介绍

图 1-11

启动 Photoshop CS5 后我们可看到如图 1-12 所示的工作界面，主要包括了应用程序栏、菜单栏、工具箱、工具选项栏、画布窗口、调板等。

● 应用程序栏。可以启动 Adobe Bridge、切换工作模式、调整窗口大小等。当窗口最大化显示时，该栏将与菜单栏合并。

● 菜单栏。是 Photoshop CS5 的重要组成部分。这些命令按照功能来划分，要执行某项功能，打开其下拉菜单，选择其子菜单项即可。

● 工具箱。位于画布窗口左侧，是 Photoshop 软件进行图像编辑和设计的重要组成部分。Photoshop CS5 的工具箱中包含了 60 余种工具，如图 1-13 所示。这些工具主要用来执行各种操作，如图像的移动、选区的创建、颜色的设置等。一般情况下，要使用某种工具，只需用鼠标单击该工具按钮即可。部分工具的右下角带有黑色小三角，则说明有隐含工具，需要时，用鼠标单击小三角即可打开。

图 1-12　Photoshop CS5 的工作界面

● 工具选项栏。用来设置当前所选工具的属性及参数。

● 画布窗口。用来显示和编辑图像文件，含有颜色模式、图层等信息。窗口左上方的标题栏显示了文件的名称、视图显示比例等信息。

● 调板。位于画布窗口右侧，主要功能是帮助编辑图像、观察编辑信息、设置颜色、管理图层等。要显示或隐藏某调板，可通过菜单栏的"窗口"命令实现。

● 状态栏。位于画布窗口底部，用于显示文档尺寸、大小、视图比例等。

3．退出

当不需要使用 Photoshop 时，可采用以下几种方法退出。

● 单击 Photoshop CS5 工作界面窗口右侧的"关闭"按钮。

● 选择菜单栏中"文件"/"退出"命令，如图 1-14 所示。

● 按快捷键 Ctrl+Q 键或 Alt+F4 键。

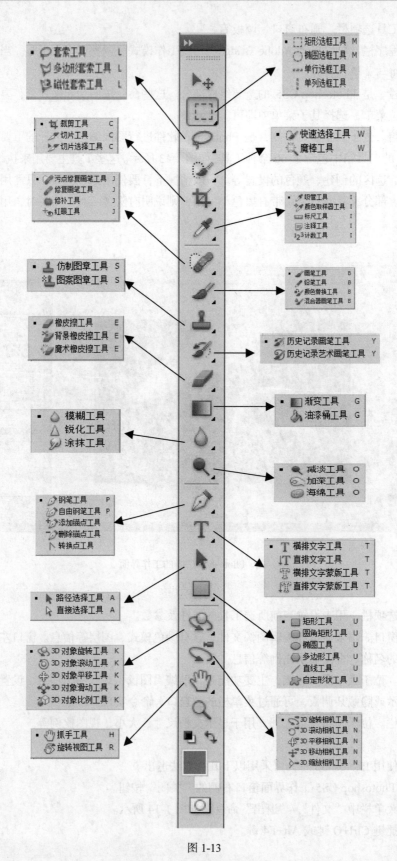

图 1-13

图 1-14

1.3.2　图像文件的基本操作方法

1．图像的打开、关闭、新建及保存方法

初次打开 PhotoshopCS5，界面中没有任何图像可供编辑，这时需要我们新建或打开一幅图像。

● 打开图像文件，可以按界面左上角的"文件"／"打开"命令，或按快捷键 Ctrl+O，以打开一幅图像。

● 新建图像文件，可以按界面左上角的"文件"／"新建"命令，或按快捷键 Ctrl+N，此时界面将出现如图 1-15 所示的新建对话框。在相应位置输入我们需要的名称、文件的宽度、高度、分辨率、颜色模式等。

● 名称：设置所需文件名。文件名可由数字、汉字、英文字母等组成，但不能含有"*"、"？"、"/"等特殊字符。

● 宽度和高度：设置图像文件所需的宽度、高度。单位可选择厘米、英寸、点、毫米、像素。

● 分辨率：设置图像文件所需的分辨率。

● 颜色模式：设置图像文件所需的颜色模式，有 RGB 模式、CMYK 模式、Lab 模式等可供选择。

● 背景内容：设置图像文件所需的背景颜色。可选颜色有白色、背景色、透明色。

● 白色：表示创建一个以白色为背景的图像。

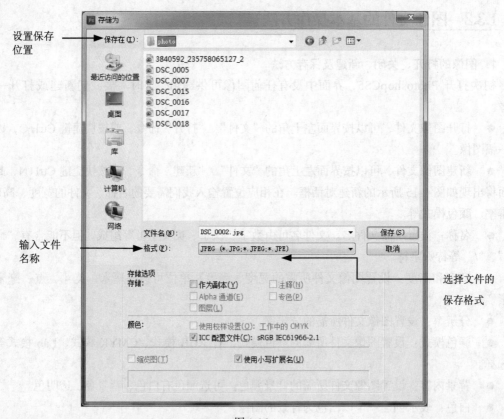

图 1-15

背景色：表示以当前使用的背景色作为图像背景。

透明色：表示将创建一个透明背景的图像。

参数设定完成后，单击"确定"按钮，即可创建所需的图像文件。

当我们设计完成作品之后，就需要将作品保存到计算机里。可选择"文件"/"存储"命令，或按 Ctrl+S 快捷键。若所保存的图像是新图像，界面将出现如图 1-16 所示的"存储为"对话框。设置所需的文件名、文件格式、保存位置等参数，设置完成，单击"保存"按钮即可。若图像已

图 1-16

保存过，执行此操作时，不会再弹出"存储为"对话框，而会覆盖原文件，自动保存到原位置。若希望把保存过的图像另存到其他位置，则可选择"文件"/"存储为"命令，或按"Ctrl+Shift+S"快捷键，在弹出的"存储为"对话框中重新设置文件名、保存位置等参数即可。

当我们不需要编辑某图像文件时，可选择以下几种方式进行关闭。

- 可选择"文件"/"关闭"命令，在弹出的对话框中单击"是（Y）"按钮。
- 按 Ctrl+W 或 Ctrl+F4 快捷键。
- 单击图像窗口右上角的关闭按钮。
- 若选择"文件"/"关闭全部"命令或按 Ctrl+Alt+W 快捷键，可关闭所有打开图像。

2．辅助工具的使用方法

为了在处理图像时更加方便和准确地设置图像的位置和尺寸，PhotoshopCS5 软件提供了如标尺、参考线、网格等的辅助工具，供我们使用。现一一介绍。

标尺：我们可通过标尺的单位设置，来查看某幅图像的尺寸有多大。可采用以下几种方法向图像中加入标尺：

- 选择"视图"/"标尺"命令。
- 按 Ctrl+R 快捷键，可显示或隐藏标尺。
- 可选择菜单"编辑"/"首选项"/"单位与标尺"命令，弹出如图 1-17 所示的对话框，来设置标尺单位。

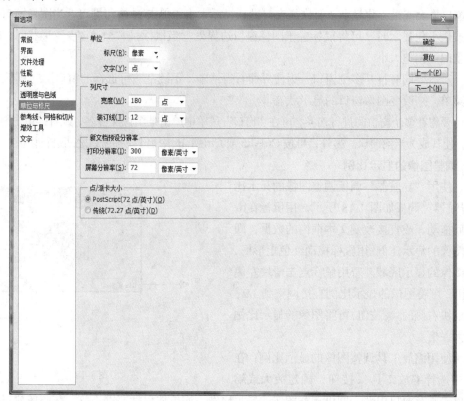

图 1-17

参考线：使用参考线，可以使图像的位置更精确。可采用如下方法设置参考线。

- 选择"视图"/"新建参考线"命令。打开"新建参考线"对话框。根据需要设置参数即可。

11

● 在图像顶部或左侧的标尺中，按住鼠标左键不放并向下或向右拖动鼠标，可创建水平或垂直参考线，根据需要可创建多条。

另外，要移动、锁定、删除、显示或隐藏参考线，可采用以下方法。

● 移动参考线：按住 Ctrl 键或选择工具箱中的移动工具，将鼠标指针放到参考线上，按住鼠标左键不放，拖到合适位置后松开鼠标左键即可。

● 锁定参考线：选择"视图"/"锁定参考线"命令，将其锁定，以避免无意中移动参考线。重新选择可解除对其的锁定状态。

● 删除参考线：用鼠标将参考线拖动到画面之外，即可删除单条参考线。若要删除全部参考线，可选择"视图"/"清除参考线"命令。

● 显示或隐藏参考线：可选择"视图"/"显示"/"参考线"命令，或连续按 Ctrl+H 快捷键。

网格：使用网格线，可使设计更准确地对所编辑内容进行对齐定位，提高精确度。设置网格线的方法如下。

● 选择"视图"/"显示"/"网格"命令。

● 按 Ctrl+，快捷键，可显示或隐藏网格。

3．调整图像窗口的位置与大小

● 调整图像窗口的位置：用鼠标单击图像窗口标题栏并拖动即可移动位置。

● 调整图像窗口的大小：可单击图像窗口右上角的"最大化"按钮或"最小化"按钮，使窗口最大或最小化显示。要恢复窗口默认显示大小，单击按钮即可。当图像窗口处于非最大化或最小化显示时，可将鼠标置于图像窗口边界处，当鼠标呈"↔ ↕ ↗ ↘"形状时，按住左键并拖动即可调整大小。

● 若需要同时打开多个窗口，为使界面看得清晰，不凌乱，可选择"窗口"/"排列"菜单中的子菜单，来改变图像窗口的显示状态。

● 要想在多个窗口间进行切换，可在"窗口"菜单中单击某图像文件名，或直接单击想要处理的窗口，使其成为当前窗口。另外，可按 Ctrl+F6 或 Ctrl+Tab 快捷键在各窗口之间进行切换。

4．调整图像的显示比例

● 使用"导航器"调板调整图像的显示比例："导航器"调板如图 1-18 所示，用鼠标在滑块上来回拖动，或直接改变文本框内的数据，即可改变图像的显示比例。用鼠标拖动红色矩形框，可调整图像的显示区域。若用鼠标点击滑块左侧的按钮，可将图像的显示比例直接调整到 1/2；若点击滑块右侧的按钮，可将图像的显示比例直接放大一倍。

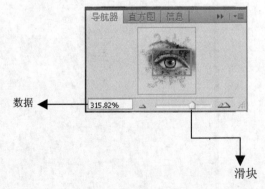

图 1-18

● 使用缩放工具调整图像的显示比例：在工具箱中选择缩放工具按钮，确定放大或缩小，再单击画布窗口内部，即可调整图像的显示比例。或按住鼠标左键不放，在图像窗口中，拖曳出一个矩形区域，释放鼠标左键，该区域则会充满整个画布。

● 选择菜单栏中的"视图"/"放大"、"视图"/"缩小"、"视图"/"按屏幕大小缩放"、"视图"/"实际像素"、"视图"/"打印尺寸"命令，可使图像按相应命令有所变化。

5．调整图像的显示区域

● 使用滚动条：当图像大小大于画布窗口时，Photoshop 将自动出现滚动条，可直接拖动滚动条来调整图像的显示区域。

● 使用抓手工具 🖐：选择工具箱中的"抓手工具" 🖐，单击并在画布窗口中拖动，可改变图像的显示区域；双击可使图像尽可能大地显示在屏幕中。

● 在使用工具箱中任何工具的情况下，按住空格键不放，可将指针切换到抓手工具，松开空格键，可回到最初的工具状态。

6．调整图像的显示模式

在 Photoshop CS5 中，系统提供了"带有菜单栏的全屏模式"，"标准屏幕模式"和"全屏模式" 3 种屏幕显示模式。单击应用程序栏按钮 ▣，可选择所需模式。

● 带有菜单栏的全屏模式：在顶部保留菜单的情况下，全屏显示图像。

● 标准屏幕模式：可使图像以默认的状态显示。

● 全屏模式：在顶部不保留菜单的情况下，全屏显示图像。

以上 3 种显示模式，可在英文输入法状态下，连续按 F 键进行切换。

1.3.3　图像的基本编辑方法

1．画布的旋转

指可把整个画布进行转动，角度可自定义，操作方法如下。

● 选择菜单栏中的"图像"/"图像旋转"命令，可按所需在子菜单中进行选择。

● 若需其他角度，可选择子菜单中的"任意角度"，弹出对话框，输入所需角度值即可。如图 1-19、图 1-20 所示。

图 1-19

图 1-20

2．图像的复制

要把原图像复制到新文件中，有以下 3 种方法可供选择。

● 打开浮动控制面板的"历史记录"，单击按钮 ▤，则可将图像副本在新窗口中打开。

● 打开原图像文件，选择菜单栏中的"图像"/"图像大小"命令，在弹出的对话框中查看图像大小和分辨率；然后新建一个文件，文件大小和分辨率与原图像相同；再次选择原图像，选择菜单栏中的"选择"/"全部"命令，这时原图像四周出现虚线，选择"编辑"/"复制"命令，再在新建的图像文件中，选择"编辑"/"粘贴"命令即可。

● 打开原图像文件，在菜单栏中选择"图像"/"复制"命令，弹出"复制图像"对话框，输入文件名，单击"确定"按钮即可。

3．图像的截取

指对整个图像进行剪裁，方法如下。

● 在菜单栏中选择"图像/画布大小"命令，弹出"画布大小"对话框，如图 1-21 所示。在"新建大小"区域中输入相应的宽度，高度值，在"定位"处选择截取位置即可。

新建大小 → 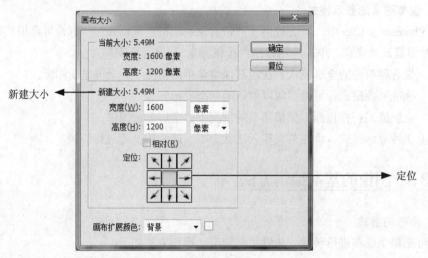 ← 定位

图 1-21

● 在工具栏中选择"矩形选框工具"，根据所需裁剪的位置拖动鼠标，即可显示出一个虚框，然后选择菜单栏中的"图像"/"裁剪"命令，即可呈现裁剪结果。

● 裁剪工具不属于绘图工具，对它最通俗的理解就是一把裁刀，将图像不需要的部分切去。打开"第 1 章"/素材文件"蝴蝶.jpg"如图 1-22 所示，选择裁剪工具如图 1-23 所示，然后在图像中拖拉出一个矩形裁剪框，框内是裁剪后保留的区域，如图 1-24 所示。

图 1-22

图 1-23

图 1-24

图 1-25

注意工具属性栏此时会有"屏蔽"、"颜色"、"不透明度"的选项，它们的作用就是在建立裁切框后遮蔽其他区域，提供视觉参照。如图 1-26 所示，矩形裁切框之外的区域变得暗淡，而裁切框之内的图像保持不变，这样就突出了对比效果。

图 1-26

裁切框建立得不精确也没有关系。因为在建立之后可以修改，其操作方法也和自由变换是一样的。即：拖动边的中点可进行缩放；拖动角点可同时缩放边；在角点之外拖动将旋转裁切框。注意旋转裁切框之后形成的裁切图像将自动恢复到水平垂直的状态，如图 1-25 所示。也就是说，无论裁切框形状如何，裁切后的图像都将以 4 边水平垂直的矩形显示。

1.4　技能实训练习

一、选择题

1. _____是构成位图的最小单位。

2. _____是描述图像细节表现力的重要性能指标。它的种类很多，主要包括_____、_____等。

3. 在 Photoshop 中，色彩模式是非常重要的。那常用的色彩模式有_____、_____、_____。

4. RGB 模式中，字母 R 表示_____、G 表示_____、B 表示_____。

5. 按_____组合键，可以打开"打开"对话框以打开一幅图像。

二、问答题

1. 简述位图与矢量图的概念及区别。

2. 简述在 Photoshop 中，常用的文件格式有哪些，并分别说出其特点。

三、操作题

新建一个宽 635 像素、高 576 像素，背景色为浅黄色的画布窗口，并在该画布窗口中显示标尺、网格和参考线，标尺的单位设定为像素。打开"第 1 章" / "素材"裁切图片，并将其垂直旋转，并利用裁切工具，裁切出所需图像，并保存。

要点提示：

（1）新建文件，执行菜单"视图"/"标尺"，"视图"/"显示"/"网格"，新建参考线；

（2）执行"编辑"/"首选项"/"单位与标尺"，更改标尺的单位；

（3）打开"第1章"/"素材"裁切图片，单击工具箱裁切工具，在图像中拖动光标框选所需图像；

（4）按 Enter 键应用裁切，图像变为所需效果；

（5）选择"文件"/"存储为"命令保存图像。

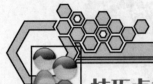

技巧点拨

1. 打开 Photoshop 后，按 D 键可将前景色和背景色还原成黑白色。

2. 打开 Photoshop 后，选择菜单"窗口"/"工作区"/"复位基本功能"可将 Photoshop 界面还原成默认。

3. 记住常用快捷键，Ctrl+A（全选），Ctrl+Shift+I（反选），Ctrl+D（取消选择），Ctrl+J（复制图层）。

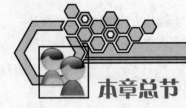

本章总节

本章主要介绍了图像处理中几个名词的概念与区别，如位图与矢量图、像素与分辨率等。并详细介绍了 Photoshop CS5 的工作界面、图像文件的基本操作方法以及基本编辑方法等。通过本章基础知识的学习，使读者对此软件有个全面的了解，为以后的全面掌握，打下坚实的基础。

第2章

创建和编辑选区

在设计工作中，有很多需要使用 Photoshop 选区功能的。图形图像的选取是图像制作中非常重要的内容，选取范围的方法也是多种多样，在学习过程中，要学会灵活运用各种方法，做到举一反三。本章对各种选择工具的使用方法和使用技巧进行详细的说明。

技能目标：

- 了解选区的功能
- 掌握创建选区的方法
- 熟练使用各种工具创建选区
- 能够灵活应用选区

相关知识：

- 选框工具的使用
- 套索工具的使用
- 魔棒工具的使用
- 移动选区
- 调整选区
- 羽化选区

2.1 创建选区

要想对图像进行编辑，首先要进行选择图像操作。能够快捷准确地选择图像，是处理图像的第一步。在图像上创建选区以后，可以对选区内的图像进行调色、填充、移动等操作，而不会影响选区以外的图像。

2.1.1 选框工具的使用

选框工具可以在图像或图层中绘制规则的选区，选取规则的图像，下面就详细介绍选框工具的使用方法。

1. 矩形选框工具

使用矩形选框工具，可以在图像上创建一个矩形选区。该工具是区域选框工具中最基本且最常用的工具。单击工具箱中的"矩形选框工具"按钮，或者按下 M 键，即可选择矩形选框工具。

使用矩形选框工具，在图像中确认要选择的范围，按住鼠标左键不放并拖曳鼠标，即可选出要选取的选区，如图 2-1 所示。

单击"矩形选框"工具按钮，属性栏状态如图 2-2 所示，在"矩形选框"工具属性栏中，为选择

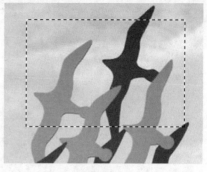

图 2-1

选区方式选项。新选区选项用于除去旧选区，绘制新选区；添加到选区选项用于在原有选区的基础上再添加新的选区；从选区减去选项用于在原有选区的基础上减去新选区的部分；与选区交叉选项用于选择新旧选区重叠的部分。

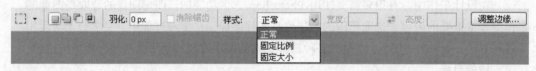

图 2-2

"羽化"选项用于设定选区边界的羽化程度。实际上就是选区的虚化值，羽化值越高，选区越模糊。

"消除锯齿"选项用于清除选区边缘的锯齿。

"样式"选项用于选择类型：

（1）"正常"选项为标准类型，通过拖动确定选框比例。

（2）"固定比例"选项用于设定长宽比例来进行选择，输入长宽比的值（在 Photoshop 中，十进制值有效）。例如，若要绘制一个宽是高两倍的选框，请输入宽度 2 和高度 1。

（3）"固定大小"选项可以通过固定尺寸来进行选择，"宽度"和"高度"选项用来设定宽度和高度。注意输入整数像素值。

注意：按住 Shift 键的同时，拖曳鼠标在图像中可以绘制出正方形选区，如图 2-3 所示。

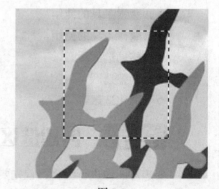

图 2-3

2. 椭圆选框工具

"椭圆选框"工具可以在图像或图层中绘制出圆形选区。单击"椭圆选框"工具按钮，在图像中确认要选择的范围，按住鼠标左键不放并拖动鼠标，即可选出要选取的选区，如图 2-4 所示。

注意：按住 Shift 键的同时，拖曳鼠标在图像中可以绘制出圆形选区，如图 2-5 所示。

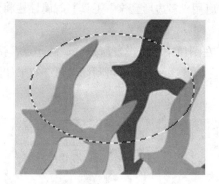

图 2-4

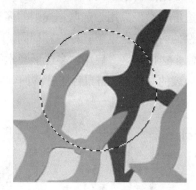

图 2-5

3．单行选框工具

"单行选框工具" 可以在图像或图层中绘制出 1 个像素的横线区域，主要用于修复图像中丢失的像素线。使用单行选框工具，在图像中确认要选择的范围，单击鼠标一次即可选出一个像素宽的选区，如图 2-6 所示。对于单行选框工具，在要选择的区域旁边点按，然后将选框拖移到确切的位置。如果看不见选框，则增加图像视图的放大倍数。

图 2-6

4．单列选框工具

"单列选框工具" 可以在图像或图层中绘制出 1 个像素的竖线区域，主要用于修复图像中丢失的像素线。

2.1.2　套索工具的使用

Photoshop 的套索工具内含 3 个工具，它们分别是套索工具、多边形套索工具、磁性套索工具。套索工具是最基本的选区工具，在处理图像中起着很重要的作用。这个工具的快捷键是字母 L。套索工具可以用来在图像或图层中绘制不规则形状的选区，选取不规则形状的图像。下面具体介绍套索工具的使用方法和操作技巧。

（1）套索工具。

启用"套索工具" ，属性栏将显示如图 2-7 所示的状态。在套索工具栏中 为选择方式选项。"羽化"选项用于设定选区边缘的羽化程度。"消除锯齿"选项用于清除选区边缘的锯齿，会让选区更平滑。

图 2-7

绘制不规则选区：启用"套索"工具 ，在图像中适当的位置单击并按住鼠标左键不放并拖曳鼠标绘制出需要的选区，松开鼠标左键，选择区域会自动封闭，如图 2-8 所示。

（2）多边形套索工具。

多边形套索工具用于选取不规则的多边形图像。启用"多边形套索"工具 ，属性栏将显示，该属性栏的内容和套索工具栏内容相同。

绘制多边形选区：启用"多边形套索"工具 ，在图像中单击设置所选区域的起点，接着单击设置区域的其他点，将鼠标指针移回到起点，指针变为 图标，单击可封闭选区，效果如图 2-9 所示。

图 2-8

图 2-9

注意：在图像中使用套索工具绘制选区时，按 Enter 键，封闭选区；按 Esc 键，取消选区；按 Delete 键，删除上一个单击建立的选区点。

（3）磁性套索工具。

磁性套索工具是制作边缘比较清晰且与背景颜色相差比较大的图像选区。启用"磁性套索"工具 ，属性栏将显示，如图 2-10 所示。

① 选区加减的设置：做选区的时候，使用 "新选区"命令较多。

② "羽化"选项：取值范围在 0～250，可羽化选区的边缘，数值越大，羽化的边缘越大。

③ "消除锯齿"的功能是让选区更平滑。

④ "宽度"的取值范围在 1～256，可设置一个像素宽度，一般使用的默认值 10。

⑤ "对比度"的取值范围在 1～100，它可以设置"磁性套索"工具检测边缘图像灵敏度。如果选取的图像与周围图像间的颜色对比度较强，那么就应设置一个较高的百分数值。反之，输入一个较低的百分数值。

⑥ "频率"的取值范围在 0～100，它是用来设置在选取时关键点创建的速率的一个选项。数值越大，速率越快，关键点就越多。当图的边缘较复杂时，需要较多的关键点来确定边缘的准确性，可采用较大的频率值，一般使用默认的值 57。

在使用的时候，可以通过退格键或 Delete 键来控制关键点。

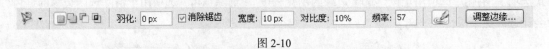

图 2-10

根据图像形状绘制选区：启用"磁性套索工具" ，在图像中适当的位置单击并按住鼠标左键，根据选区图像的形状拖曳鼠标，选区图像的磁性轨迹会紧贴图像的内容，效果如图 2-11 所示。

图 2-11

2.1.3　魔棒工具的使用

魔棒工具是 Photoshop 中提供的一种比较快捷的抠图工具，对于一些分界线比较明显的图像，通过魔棒工具可以很快速的将图像抠出。魔棒工具可以用来选取图像中的某一点，并将与这一点颜色相同或相近的点自动融入选区中。

启用"魔棒"工具❀，属性栏将显示如图 2-12 所示状态。

❀ ▾ ▢▢▢▢　容差: 32　☑消除锯齿　☑连续　☐对所有图层取样　调整边缘…

图 2-12

在魔棒属性栏中，容差就是指你所选取图像的颜色接近度，也就是说容差越大，图像颜色的接近度也就越小，选择的区域也就相对变大了。

使用魔棒工具绘制选区：启用"魔棒"工具❀，在图像中单击需要选择的颜色区域，即可得到需要的选区。

"连续"选项，是指你选择图像颜色的时候只能选择一个区域当中的颜色，不能夸区域选择，打个比方吧，如果一个图像中有几个相同颜色的圆，它们都不相交，当选择了连续，在一个圆中选择，这样只能选择到一个圆，如果没点连续，那么整张图片中的相同颜色的圆都能被选中。使用魔棒工具按住 Shift 键的同时单击鼠标即可选择连续的颜色区域，效果如图 2-13 所示。

图 2-13

2.1.4   "色彩范围"命令

选区的制作还有一种就是应用选择菜单中的"色彩范围"命令，该命令可在较复杂的环境中快速达到选取的目的。

"色彩范围"的选取规则是选择现有选区或整个图像内指定的颜色或颜色子集，也就是利用选取颜色相同或相近的像素点的来获得选区，使用"选择"/"色彩范围"命令将弹出对话框，如图 2-14所示。

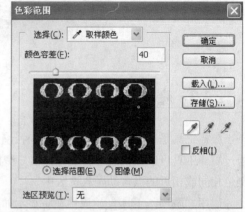

图 2-14

对话框的设置如下。

1．选择

从"选择"中选取取样颜色工具，也可以选择颜色：红色、黄色、绿色、青色、蓝色、洋红、高光、中间调、暗调、溢色。

注意：其中"溢色"选项仅适用于 RGB 和 Lab 图象，是无法使用印刷色打印的 RGB 或 Lab 颜色。

2．颜色容差

它是通过拖动滑块或输入一个数值来调整选定颜色的范围，可以控制选择范围内色彩范围的广度，并增加或减少部分选定像素的数量（指选区预览中的灰色区域）。设置较低的值可以限制色彩范围，设置较高的值可以增大色彩范围。

3．预览

选区范围：是预览由于对图像中的颜色进行取样而得到的选区。白色区域是选定的像素，黑色区域是未选定的像素，而灰色区域是部分选定的像素。

图像：是预览整个图像。例如，您可能需要从不在屏幕上的一部分图像中取样。

4．选区调整

将吸管指针放在图像或预览区域上，然后单击要包含的颜色进行取样。

要添加颜色，选择加色吸管工具 ✐，并在预览区域或图像中单击。

要移去颜色，选择减色吸管工具 ✐，并在预览或图像区域中单击。

注：要临时启动加色吸管工具，请按住 Shift 键；按住 Alt 键可临时启动减色吸管工具。

5．选区预览

要想在图像窗口中也能预览选区效果，"选区预览"选取一个选项：灰度、黑色杂边、白色杂边、快速蒙版。

6．还原选区

按住 Alt 键并单击"复位"按钮（注：复位按钮是在按住 Alt 键同时面板中的取消按钮变换的）。

7．存储和载入设置

单击"色彩范围"对话框中的"存储"和"载入"按钮以存储和重新使用当前设置。

2.2　编辑选区

在 Photoshop 中处理图像时，我们常常要调整图像的选区。下面介绍在 Photoshop 中经常使用的各种编辑选区的方法及手段。

2.2.1　移动选区

当使用选区工具选择图像区域后，在属性栏中的"新选区"按钮状态下，将鼠标指针放在选区中，指针就会显示成"移动选区"的形状。

移动选区有以下方法。

（1）使用鼠标移动选区：在工具箱中选择任何一种范围选区工具，将指针放在已有的选择区域内，待变为形状时，用该指针拖动选择区域边框线，即可移动选择区域，其操作过程如图 2-15、图 2-16 所示。

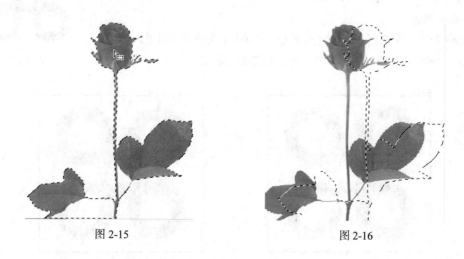

图 2-15　　　　　　　　　　　　　　　　图 2-16

（2）使用键盘移动选区：使用 Shift 键+方向快捷键，可以将选区沿各个方向移动 10 个像素的增量。

2.2.2　使用快捷键调整选区

在 Photoshop 中处理图像时，我们常常要调整图像的选区，对选区进行减少、增加、相交等操作，使用选区工具栏属性中的即可，也可使用快捷键调整，当然使用快捷键可节省不少时间。

1．增加选区

我们处理图像时，常常要选择图像上两个或两个以上的选区，这时我们可先用选框工具选择第一个选区，再按住 Shift 键，用选框工具画出增加的区域，如图 2-17 所示。

2．减小选区

减小选区的意思就是当我们打开一个图像，选定了一个选区，这时又想将选定的选区去掉其中的一部分。打开一幅图像选择一个选区，按住 Alt 键不动，再画出一个选区，确保第二个选区与第一个选区相交部分就是你要去掉的部分即可，效果如图 2-18 所示。

图 2-17   图 2-18

3. 相交选区

在选择图像区域的时候，若我们先选定了一个区域，这时再按住 Shift+Alt 快捷键再选中一块区域，那么最后选中的区域就是两次选中区域的相交部分。效果如图 2-19 所示。

4. 反向选区

开始时选中一个选区，这时再按下 Ctrl+Shift+I 快捷键，则可以对当前的选区进行反向选取。效果如图 2-20、图 2-21 所示。

图 2-19

图 2-20   图 2-21

5. 取消选区

若在选择选区的过程中想取消选区，可按 Ctrl+D 快捷键。

2.2.3 使用菜单调整选区

使用"选择"菜单下的"全选"、"取消选区"和"反选"命令，可以对选区进行全部选择、取消选择、反向选择的操作。

选择"选择"/"修改"命令，系统将弹出下拉菜单，如图 2-22 所示。

1. 边界命令

"边界"命令用于修改选区的边缘，如图 2-21 的选区，选择"修改"/"边界"命令，弹出"边界对话框",参数设置如图 2-23 所示,单击"确定"按钮,边界效果如图 2-24 所示。

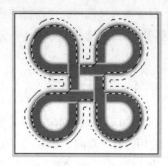

图 2-22　　　　　　　　　　图 2-23　　　　　　　　　　图 2-24

2.平滑命令

"平滑"命令是通过增加或减少选区边缘的像素来平滑边缘,在选取的范围已经做好的状态下,执行"选择"/"修改"/"平滑"命令,在弹出的平滑设置面板中设置平滑度为 30 像素,此时的选区变为平滑状态。效果如图 2-25 所示。

3.扩展

在选取的范围已经做好的状态下,执行"选择"/"修改"/"扩展"命令,在弹出的扩展设置面板中设置扩展度为 6 像素,此时的选区变为如图 2-26 所示的状态。

图 2-25　　　　　　　　　　　　　　图 2-26

4.收缩

"收缩"的命令与"扩展"命令相反,在选取的范围已经做好的状态下,执行"选择"/"修改"/"收缩"命令,在弹出的收缩设置面板中设置收缩量为 6 像素,此时的选区变为如图 2-27 所示的状态。

图 2-27

5．变换选区

要变换选择选区，可选择"选择"/"变换选区"命令，此时在选区周围将出现控制框。拖动控制句柄，可对选区进行缩小、放大、旋转、翻转等变换操作。

2.2.4　羽化选区

羽化选区可以使图像产生柔和的效果。通过下面的方法可以设置选区的羽化值。

使用选择工具前，在该工具的属性栏中设置羽化半径的值，数值越大，柔和效果越明显。图 2-28 所示为在"羽化"数值框中输入 60，然后选择"选择"/"反选"命令，单击 Delete 键后的结果。

图 2-28（a）原图像　　　　　　　　图 2-28（b）羽化值为 60 的效果图

2.3　应用选区实例

2.3.1　课堂案例一

制作照片朦胧效果，操作步骤如下。

（1）打开"第 2 章/素材/朦胧效果"中的素材图片，如图 2-29 所示。

图 2-29

（2）在工具箱中选择椭圆选框工具 ◯。

（3）在属性栏中的"羽化"数值框中输入 50 像素的羽化值，如图 2-30 所示。

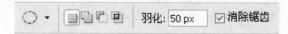

图 2-30

（4）用椭圆选框工具在图像中选取所需的部分，如图 2-31 所示。

（5）执行"选择"/"反向"命令（或按 Shift +Ctrl++I 快捷键）将选区反选。

（6）在工具箱中设置背景色为白色。

（7）若是"背景"图层，按 Delete 键用背景色填充选择区域；若是普通图层，则按 Ctrl+Delete 快捷键用背景色填充选择区域，如图 2-32 所示。

图 2-31   图 2-32

（8）按 Ctrl+D 快捷键取消选区，最终效果如图 2-33 所示。

图 2-33

2.3.2 课堂案例二

（1）打开"第2章/素材"中的"草地图片"和"卡通图片"。

（2）选择"卡通图片"，使用"魔棒"工具选择图片的背景，执行"选择"/"反向"命令或按 Shift+Ctrl+I 快捷键，将选区反选，效果如图 2-34 所示。

（3）使用"移动"工具将选中的"卡通图片"拖曳到"草地图片"文件中，如图 2-35 所示。

图 2-34

图 2-35

（4）选择"编辑"/"自由变换"命令或 Ctrl+T 快捷键，拖曳变换框的 4 个控制柄可以对图层进行缩、放、旋转等操作，如图 2-36 所示。

（5）参照效果如图 2-37 所示，按 Enter 键或工具栏的 ✔ 按钮应用变换。

图 2-36

图 2-37

2.3.3 课堂案例三

（1）打开"第2章/素材"中的"文字图片"，如图 2-38 所示。

图 2-38

（2）执行"选择"/"色彩范围"命令，打开"色彩范围"选取对话框，设置如图 2-39 所示。

图 2-39

（3）用鼠标单击图片的背景，单击"确定"按钮，再执行"选择"/"反向"命令，或按 Shift+Ctrl+I 快捷键，将选区反选，效果如图 2-40 所示。

图 3-40

（4）执行"选择"/"修改"/"扩展"命令，弹出"扩展选区"对话框，扩展量设置为 3 像素，效果如图 2-41 所示。

图 2-41

（5）执行"编辑"/"描边"命令，弹出"描边"对话框，参数设置如图 2-42 所示。

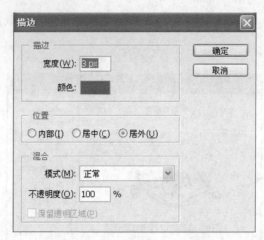

图 2-42

（6）使用"移动工具"向左下方移动选区，按 Ctrl+D 快捷键取消选区，最终效果如图 2-43 所示。

图 2-43

2.3.4 课堂案例四

图 2-44

（1）新建文件 500 像素×460 像素，分辨率 72 像素/英寸，颜色模式 RGB，其他参数不变，选择 RGB 为（R：193，G：224，B：245）的颜色填充背景，如图 2-45 所示，效果如图 2-46 所示。

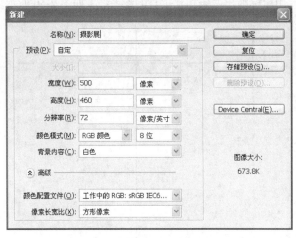

图 2-45　　　　　　　　　　　　　　　　　图 2-46

（2）打开"第 2 章/素材"中的"摄影照片 1"，参照课堂案例 1 将其进行羽化 10 像素，如图 2-47 所示，使用移动工具 拖曳到新建文件中，使用 Ctrl+T 快捷键，拖曳变换框的 4 个控制柄可对图层进行缩、放到合适位置，如图 2-48 所示。

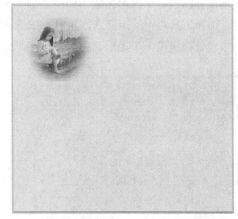

图 2-47　　　　　　　　　　　　　　　　　图 2-48

（3）重复步骤（2），将其余照片羽化后移动到新建文件中。

（4）摄影照片 5 未羽化，使用椭圆工具 选取合适大小复制到新建文件中即可。

（5）使用 Ctrl+T 快捷键，调整各个图层的大小及位置，最终效果如图 2-44 所示。

2.3.5　课堂案例五

本实例主要介绍选区的添加与减少，最后得到复杂的选择区域。操作步骤如下。

（1）选择"文件"/"新建"命令，创建一个图像文件，大小为 800 像素×800 像素，分辨率为 72 像素/英寸，RGB 模式，背景为白色。选择"视图"/"标尺"命令，显示标尺，选择"视图"/"显示"/"网格"命令，如图 2-49 所示。

（2）将鼠标指针移动到水平标尺与垂直标尺的交叉点上，按下鼠标左键沿对角线向右下拖曳，将标尺的原点设置在如图 2-50 所示的位置上。用鼠标拖出两条相互垂直的参考线，如图 2-50 所示。

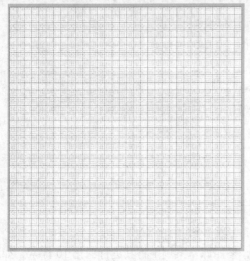

图 2-49　　　　　　　　　　　　　　　　图 2-50

（3）选择工具箱中的椭圆选框工具，在参考线交点按下鼠标左键，再按住 Alt+Shift 快捷键，然后拖动鼠标画出一个圆形区域，如图 2-51 所示。

（4）选择工具箱中的矩形选框工具，按住 Alt 键（或在工具选项栏中单击"从选区中减去"），从圆的中线处拖曳出一个矩形，将圆的右半部分裁掉，得到左半圆选区，如图 2-52 所示。

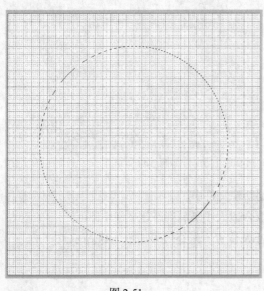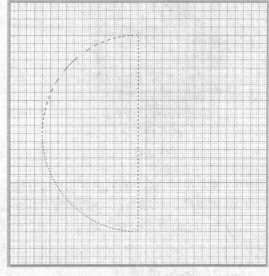

图 2-51　　　　　　　　　　　　　　　　图 2-52

（5）不取消选择，选择工具箱中的椭圆选框工具，在椭圆工具选项栏中单击选中"从选区中减去"按钮，在半圆选区直径四分之一处按下鼠标左键，再按住 Shift+Alt 快捷键，拖动鼠标指针从选区中减去一个小的半圆，如图 2-53 所示。

（6）不取消选区，选择椭圆选框工具，在椭圆工具选项栏中单击选中"添加到选区"按钮，在上半圆选区直径四分之一处按下鼠标左键，再按住 shift+Alt 快捷键，在选区中添加一个小半圆，如图 2-54 所示。

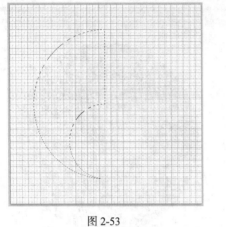

图 2-53   图 2-54

（7）单击图层调板中的"创建新的图层"按钮，新建图层 1，将当前选区填充为黑色，如图 2-55 所示。

图 2-55

（8）复制图层 1，将图像填充为红色。按 Ctrl+T 快捷键自由变换，旋转 180°，如图 2-56 所示。

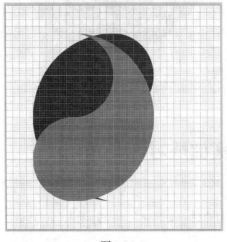

图 2-56

（9）用移动工具到如图所示的位置，在图中做两个小的正圆填充颜色，如图 2-57、图 2-58 所示。

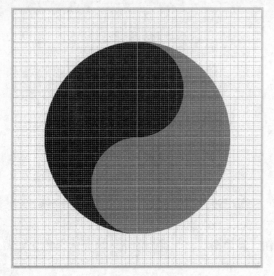

图 2-57   图 2-58

（10）将背景图层填充为浅黄色，隐藏标尺、参考线和网格，最终效果如图 2-59 所示。

图 2-59

2.4 技能实训练习

一、制作圣诞贺卡

应用本章所学知识，利用素材"圣诞树"、"圣诞老人"、"背景"图片制作如图 2-60 所示的圣诞卡。

图 2-60

要点提示：

1.　使用选区工具选取图像；

2.　使用移动工具移动图像；

3.　使用变换工具调整图像大小及位置。

二、制作公益海报

应用所学知识，利用素材"心型"、"手型"、"蜡烛"图片制作如图 2-61 所示的公益海报。

图 2-61

要点提示：

1.　使用选区工具选取图像；

2.　使用移动工具移动选区及图像；

3.　为选区描边；

4.　使用变换工具调整图像大小及位置；

5.　应用文字工具。

三、制作图片拼贴

应用所学知识，利用素材图片制作如图 2-62 所示的效果图。

图 2-62

要点提示：

1. 图案填充背景；

2. 使用选区工具选取图像；

3. 使用移动工具移动图像；

4. 使用变换工具调整图像大小及位置；

5. 创建选区及描边。

四、制作卡通插画

应用所学知识，利用素材图片制作如图 2-63 所示的效果图。

图 2-63

要点提示：

1. 使用选区工具选取图像；
2. 使用移动工具移动选区及图像；
3. 使用变换工具调整选区及图像大小、位置。

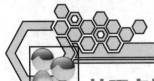

技巧点拨

1. 当使用魔棒工具、套索工具、选框等工具的同时按住 Shift 键可增加选区。

2. 在使用选区工具绘制时，按住空格键的同时按 "↑、↓、←、→、" 键可将选区向上、下、左、右移动。

3. 在使用矩形选框工具或椭圆选框工具绘制选区的同时，按住 Shift 键即可绘制出正圆形或正方形。

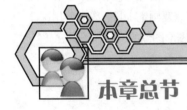

本章总节

本章介绍了创建和编辑选区的各种方法。使用选框工具组、套索工具组，可以制作各种规则选区及不规则选区，使用魔棒工具、"色彩范围" 命令，可以按照色彩范围建立选区。只有加强练习，才能较好地运用选取工具对图像中需要编辑的地方进行选取，从而达到对图像局部进行编辑、修改以及合成的目的。

第3章

图像的绘制与编辑

用户在编辑图像与修饰图像的过程中，会用到一些绘图及修饰工具，在 Photoshop CS5 中提供了大量的绘图与修饰工具，如"画笔工具"、"仿制图章"、"修复画笔工具"等，使用这些工具既可绘制图像，还可以修饰图像。下面就来介绍如何进行图形图像的绘制和编辑。

技能目标：
- 熟练运用各种绘图工具绘制各种图形
- 了解"画笔"调板中各参数及选项的设置
- 灵活运用修饰工具对图像进行修饰
- 掌握编辑图像的方法

相关知识：
- 绘制图像
- 修饰图像
- 填充图像
- 修复图像
- 编辑图像

3.1 绘制图像

图像绘制工具主要功能就是绘制图像，灵活运用绘图工具，可以在空白或已有图像上绘制出各种图像效果。

3.1.1 画笔工具的使用

画笔工具可以模拟画笔效果在图像中绘制出各种各样的图像。

1．画笔工具

使用画笔工具：启用"画笔"工具，在画笔工具属性栏中设置画笔，如图 3-1 所示。使用画笔工具，在图像中单击并按住鼠标左键，拖曳鼠标可以进行绘制。在画笔工具属性栏中：

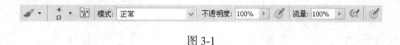

图 3-1

"模式"下拉列表框中的选项用于设置画笔的制图模式，如图 3-2 所示，应用不同的模式能够得到不同的效果。

"不透明度"选项用于设置绘制效果的不透明度。

2．画笔属性设置

选中画笔工具后，最常见的设置就是画笔的"直径"和"硬度"，一个决定了画笔的大小，一个决定了画笔的边缘过渡效果，如图 3-3 所示。

图 3-2

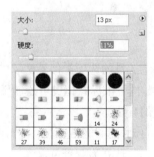

图 3-3

3．画笔面板

除了直径和硬度的设定外，Photoshop CS5 还针对笔刷提供了一些其他的设定。在工具箱中选择"画笔"工具，在"画笔"工具栏中单击"切换画笔面板"按钮，打开"画笔"面板，如图 3-4 所示。其中各选项可根据需要的实际效果进行设定，如图 3-5、图 3-6 所示。

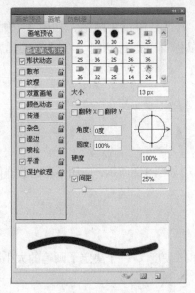

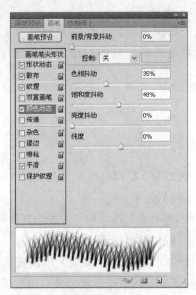

图 3-4   图 3-5

图 3-6

3.1.2　铅笔工具的使用

铅笔工具常用来画一些棱角突出的线条，该工具类似于铅笔。如图 3-7 所示。

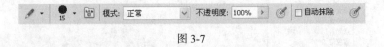

图 3-7

铅笔工具与画笔工具的选项类似，选项的设置方法同画笔选项的设置。

在图像窗口中，按下鼠标并拖曳可绘制任意的曲线；按住 Shift 键的同时按下鼠标并拖曳，可绘制出水平或垂直的直线。

在选项栏中"自动抹除"复选框后，当用户在与前景色相同的图像区域中绘画时，铅笔工具将自动擦除前景色，并填充为背景色。

3.1.3　橡皮擦工具的使用

橡皮擦工具用于擦除图像中的颜色。

1．橡皮擦工具

橡皮擦工具可以用背景颜色擦除背景图像，也可以用透明色擦除图层中的图像。

启用"橡皮擦"工具 ，属性栏将显示如图 3-8 所示。

图 3-8

在橡皮擦工具属性栏中，"画笔"选项用于选择橡皮擦的形状和大小。

2．背景橡皮擦工具

背景橡皮擦工具可以用来擦除指定的颜色，指定的颜色显示为背景色。

启用"背景橡皮擦"工具 ，属性栏将显示如图 3-9 所示。

图 3-9

3．魔术橡皮擦

魔术橡皮擦工具可以自动擦除颜色相近的区域。

启用"魔术橡皮擦"工具 ，属性栏将显示如图 3-10 所示。

图 3-10

3.2　修饰图像

在编辑图像的过程中，会用到修图工具对图像的细微部分进行修整，是在处理图像时不可缺少的工具。

3.2.1　模糊工具

"模糊工具" 是通过柔化图像中的色彩突出部分，使图像中的色彩过渡平滑，从而使图像产生模糊的效果，"模糊工具"栏选项如图 3-11 所示。

图 3-11

在模糊工具栏强度用于设置模糊的压力程度，数值越大，模糊效果越明显。

3.2.2　锐化工具

"锐化工具" 的作用和"模糊工具"相反，"锐化工具"是通过增大图像中色彩反差，使图像更加清晰。"锐化工具"栏选项如图 3-12 所示。

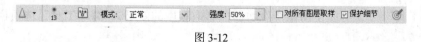

图 3-12

3.2.3 涂抹工具

"涂抹工具" 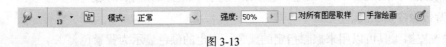 可以模拟在湿的颜料画布上涂抹而使图像产生变形的效果，"涂抹工具"栏选项如图 3-13 所示

图 3-13

使用"涂抹工具"时，在选项栏中设置适当的画笔大小、模式和强度后，将指针移动至需要涂抹的图像上，按下鼠标左键并拖曳，可使图像产生涂抹的效果，如图 3-14（a）、图 3-14（b）涂抹前后的效果对比。

 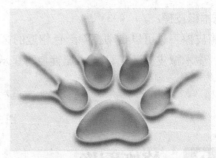

图 3-14（a）   图 3-14（b）

3.2.4 减淡工具

"减淡工具" 是通过增加图像的曝光度来提高图像的亮度，"减淡工具"选项栏如图 3-15 所示。

图 3-15

3.2.5 加深工具

"加深工具" 与"减淡工具"的功能相反，"加深工具"用于降低图像的曝光度，"加深工具"选项栏如图 3-16 所示。

图 3-16

3.2.6 海绵工具

"海绵工具" ，可以使图像产生增加色彩饱和度的效果，"海绵工具"选项栏如图 3-17 所示。

图 3-17

3.2.7　仿制图章工具

"仿制图章"工具可以以指定的像素点为复制基准点，将其周围的图像复制到其他地方，"仿制图章"工具栏如图 3-18 所示。

图 3-18

使用"仿制图章"工具时，按住 Alt 键，鼠标指针由仿制图章图标变为圆形十字图标，单击鼠标左键，定下取样点，松开鼠标左键，在合适的位置单击并按住鼠标左键，拖曳鼠标复制出取样点及其周围的图像，效果如图 3-19 所示。

图 3-19（a）

图 3-19（b）

3.2.8　图案图章工具

"图案图章"工具可以以预先定义的图案为复制对象进行复制，"图案图章"工具栏如图 3-20 所示。

图 3-20

使用"图案图章"工具：先用矩形选框工具绘制出要定义的图案的选区，如图 3-21 所示，选择"编辑"/"定义图案"命令，弹出定义图案对话框，如图 3-22 所示，单击"确定"按钮，定义选区中的图像为图案。

在图案图章工具属性栏中选择定义的图案，如图 3-23 所示，选择"图案图章"工具，在合适的位置单击并按住鼠标左键，拖曳鼠标复制出定义的图案，效果见图 3-24 所示。

图 3-21

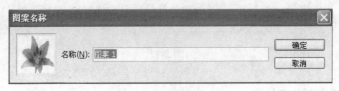

图 3-22

图 3-23

图 3-24

3.3 填充图像

在图像处理时，常常需要对当前选定的区域进行色彩或图案的填充，下面介绍填充工具的使用方法。

3.3.1 油漆桶工具

油漆桶工具用于在图像中或在选定区域内，对指定色差范围内的色彩区域进行色彩或图案的填充。

油漆桶工具对图像的填充受选区范围影响的同时，还有一些其他参数，油漆桶工具栏如图 3-25 所示。

图 3-25

前景：用于设置是填充颜色还是填充图案。

模式：用于选择填充时颜色的混合模式。

不透明度：用于设置填充时颜色的不透明度。

容差：用于设置填充时颜色的范围。

消除锯齿：用于设置是否消除填充边缘的锯齿。

连续的：用于设置填充的范围。选中此复选框时，油漆桶工具只填充相邻的区域；未选中此复选框时，则不相邻的区域也被填充。

所有层：选中此复选框时将填充多个图层，否则只填充当前图层。

3.3.2　渐变工具

渐变是将两种或两种以上的颜色进行混合，所得到的色彩过渡的渐变效果。

渐变工具包括"线性渐变" ▣、"径向渐变" ▣、"角度渐变" ◢、"对称渐变" ◪、"菱形渐变" ◈，工具栏如图 3-26 所示。

图 3-26

在渐变工具属性栏中，"点按可编辑渐变"按钮▭▭▭▭用于选择和编辑渐变的色彩；◧◧◨◩◪选项用于选择渐变类型。

反向：用于产生反向色彩渐变的效果。

仿色：用于使渐变更平滑。

透明区域：用于产生不透明度。

1．设置渐变颜色

在渐变工具栏中，单击"点按可编辑渐变"按钮，弹出渐变编辑器对话框，如图 3-27 所示。单击适当的位置，可以增加颜色，如图 3-28 所示。选中色标，单击颜色框可以设定颜色，如图 3-29、图 3-30 所示。

图 3-27

图 3-28

图 3-29

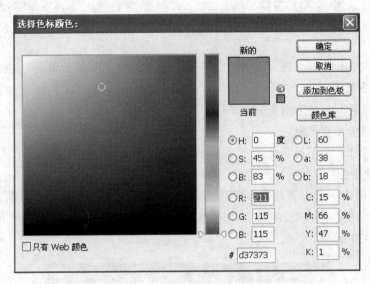

图 3-30

2. 填充渐变颜色

选择不同的渐变工具 ，在图像中单击并拖曳鼠标到适当的位置，松开鼠标左键，可以绘制出不同的渐变效果，如图 3-31 所示。

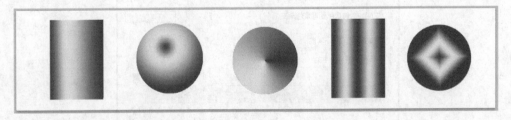

图 3-31

3.4 修复图像

修复图像工具可以快速除去图像中的小污点、斑痕、红眼等瑕疵。

3.4.1　污点修复画笔工具

"污点修复画笔工具" 可以快速移去图像中的污点和划痕部分，选项栏如图 3-32 所示。

图 3-32

近似匹配：选中此单选按钮，将自动在修饰区域的周围进行像素取样，达到样本像素与所修复的图像的像素匹配的效果。

创建纹理：在修复的图像区域中产生纹理效果。

使用"污点修复画笔工具"时，在需要处理的图像区域单击或拖曳鼠标，即可自动地对图像进行修复。

3.4.2　修复画笔工具

"修复画笔工具" ，可用于修复图像中的瑕疵，该工具可将取样点的图像自然融入到复制的图像位置，并保持其纹理、亮度、层次和修复的图像周围的图像一致。"修复画笔工具"栏如图 3-33 所示。

图 3-33

使用"修复画笔工具"时，按住 Alt 键在图像中单击来确定基准点，再将指针移动到需要修复的位置并拖曳即可修复图像。

3.4.3　修补工具

"修补工具" 的作用与"修复画笔工具"的作用相似，但是在使用"修补工具"前要先建立选区，然后在选区范围内修补图像，"修补工具"选项栏如图 3-34 所示。

图 3-34

3.4.4　红眼工具

"红眼工具" 主要用于修复照片中的红眼和局部颜色，可以对图像因曝光过度等产生的颜色进行修正，"红眼工具"的选项栏如图 3-35 所示。

图 3-35

使用"红眼工具"时，选中该工具，在图像中的红眼上单击鼠标即可自动修复。

3.5 编辑图像

3.5.1 重新设置图像尺寸

在编辑图像的过程中往往存在很多的不确定因素，有时需要更改图像的尺寸，这样会影响图像的质量。要最大程度降低由于修改尺寸或画布尺寸对图像质量的影响。要修改图像尺寸，可以选择"图像" / "图像大小"命令，弹出如图 3-36 所示的对话框。

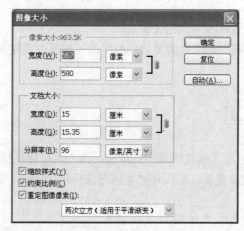

图 3-36

3.5.2 基本编辑操作

Photoshop CS5 与其他应用程序一样提供了"剪切"、"复制"和"粘贴"、"清除"等命令，这些命令集中在菜单"编辑"中，如图 3-37 所示。

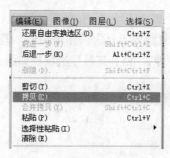

图 3-37

3.5.3 变换图像

利用"变换"和"自由变换"命令可以对整个图层、图层中选中的部分区域、多个图层、图层蒙版，甚至路径、矢量图形、选择范围和 Alpha 通道进行缩放、旋转、斜切、透视等操作。本小节将对相应的命令进行讲解。

1. 自由变换

在 Photoshop 编辑菜单中的自由变换命令功能非常强大，熟练掌握它们的用法会为大家操作图像变形带来很大的方便。

当图像处于自由变换的状态时快捷键为 Ctrl+T，如图 3-38 所示，我们仅仅拖动鼠标就可以改变图像形状。

鼠标左键拖动变形框四角任一角点时，图像为长宽均可变的自由矩形；也可翻转图像，如图 3-39 所示。

鼠标左键拖动变形框四边任一中间点时，图像为等高或等宽的自由矩形，如图 3-40 所示。

鼠标左键在变形框外弧形拖动时，图像为可自由旋转任意角度，如图 3-41 所示。

图 3-38

图 3-39

图 3-40

图 3-41

要完全掌握自由变换还必须要掌握与其组合使用的 Ctrl、Shift、Alt 这 3 个键，配合可以快速地实现变化命令下的子命令之间的转换，更加方便图像变换。通过选择"编辑"/"自由变换"命令，可一次完成"变换"子菜单中的所有操作，而不用多次选择不同的命令，但需要快捷键配合进行操作。

按住 Ctrl 键时，拖拉受控点可对图像进行自由扭曲操作。

按住 Ctrl+Shift 快捷键时，拖拉边框受控点可对图像进行"斜切"操作。

按住 Ctrl+Alt+Shift 快捷键时，拖拉角受控点可对图像进行"透视"操作。

2. 变换命令

执行"编辑"/"变换"命令后，单击右边的小三角，弹出菜单如图 3-42 所示，提供了 11 种变换命令，在实际操作过程中，可以在执行一种变换命令后，直接选择其他任一变换命令，不用确认后再选择其他变换命令。

执行"编辑"/"变换"/"缩放"命令，可看到图像的四周有一个矩形框，和裁切框相似，也有 8 个受控点来控制矩形框，矩形框的中心有一个中心参考点，用来表示缩放或旋转的时候的中心点，如图 3-43 所示。选项栏如图 3-44 所示。

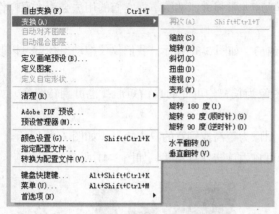

图 3-42

图 3-43

图 3-44

将鼠标放在角受控点上拖拉时，应按住 Shift 键以保证缩放的比例。如果执行"旋转"命令，将鼠标移动到矩形框上的角受控点和边框受控点外拖拉时，应按住 Shift 键保证旋转以 15° 为单位递增。也可以在如图 3-44 所示的选项框中输入相应的数值来控制图像的各种变换。按 Enter 键完成变换操作，若要取消操作按 Esc 键即可。也可以单击选项栏中的✔按钮确认，或单击◯按钮取消当前操作。选择"编辑"/"变换"/"再次"命令可重复执行上一次的操作。

在 Photoshop 菜单"编辑"/"变换"中的子菜单中还有一项"变形"命令，变形命令在我们编辑图像工作中很常见，它可以对图片进行完全自由的变形。参见"课堂案例五"，来学习该命令的使用方法。

3.6　图像的绘制与编辑应用实例

3.6.1　课堂案例一

本实例使用选框工具绘制图形，再用渐变工具填充选区，学习制作几何形体的立体效果，学习投影效果的制作。制作过程中要注意渐变填充颜色的设置，注意表现物体立体感的重要手段是对"三面"和"五调"的刻画。

最终效果如图 3-45 所示。

操作步骤如下。

1. 先启动 Photoshop，按 Ctrl+N 快捷键，建立一个新的图像文件，如图 3-46 所示。

2. 制作球体。新建图层 1，绘制选区，单击椭圆选框工具，拖动鼠标，再按住 Shift 键，绘制一个圆形的选取范围，如图 3-47 所示。

3. 选择背景色为（R:122，G:120，B:121），前景色白色。选择渐变工具，再在工具栏中选择径向渐变工具，移动鼠标指针至圆形选取范围中拖动填充渐变颜色。按 Ctrl+D 快捷取消选区，如图 3-48 所示。

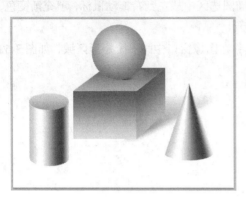

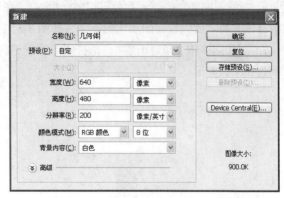

图 3-45　　　　　　　　　　　　　　　　　图 3-46

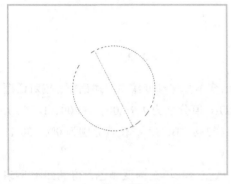

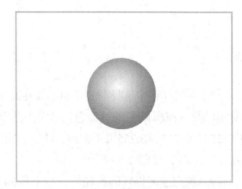

图 3-47　　　　　　　　　　　　　　　　　图 3-48

4. 绘制立体球阴影选区，单击椭圆选框工具，绘制一个椭圆，如图 3-49 所示。

5. 选中渐变工具，再在工具栏中选择径向渐变工具，移动鼠标指针至圆形选取范围中拖动填充渐变颜色。选择前景色为（R:52，G:52，B:52），背景色（R:182，G:180，B:180），上色标的不透明度分别为 100%、100%、0%，位置依次为 0%、50%、100%，单击确定按钮，如图 3-50 所示。

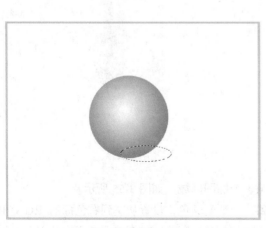

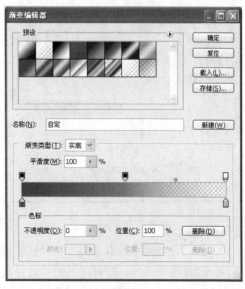

图 3-49　　　　　　　　　　　　　　　　　图 3-50

6. 新建图层 2，填充渐变色，选择线性渐变，在椭圆选区中从左到右拖动鼠标，填充渐变色，取消选区，将之放到椭圆图层 1 的下面，如图 3-51 所示。

7. 制作圆柱体。新建图层 3，选择矩形选框工具，在图像窗口中画一个矩形区域，如图 3-52 所示为一个长方形。

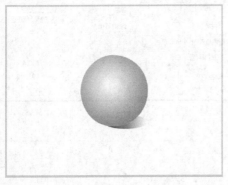

图 3-51

图 3-52

8. 在工具箱中选择渐变工具，并在其工具栏中单击渐变条弹出渐变编辑器对话框，按对话框所示的样式编辑渐变的过渡色，设置从左到右色标的 RGB 值分别为（R:200，G:200，B:200），（R:255，G:255，B:255），（R:78，G:78，B:78），（R:238，G:238，B:238），位置分别为 0%、30%、80%、100%，如图 3-53 所示。

9. 填充选区得到的圆柱体，按下鼠标并沿水平方向从左至右填充渐变颜色，得到如图 3-54 所示的效果。

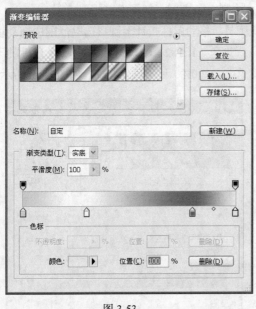

图 3-53

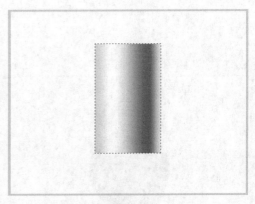

图 3-54

10. 接着选择椭圆选框工具，在圆柱体顶部画一个椭圆区域，如图 3-55 所示。

11. 选择渐变工具，在其工具栏中选择前景到背景渐变颜色，设置从左到右色标的 RGB 值分别为（R:170，G:170，B:170），（R:226，G:226，B:226）。在图像的椭圆选取范围中从左至右拖动填充，效果如图 3-56 所示。

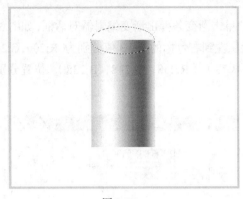

图 3-55   图 3-56

12. 用同样的方法在圆柱体下部选取一个椭圆区域，或者在选框工具后将上面的选取范围移到底部，如图 3-57 所示。
13. 选择矩形选框工具，然后按下 Shift 键追加选取范围，效果如图 3-58 所示。

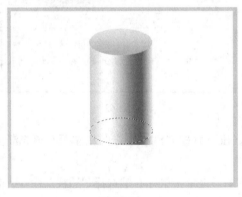
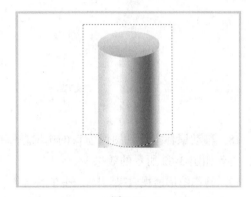

图 3-57   图 3-58

14. 按 Shift+Ctrl+I 快捷键反选选取范围，然后按 Delete 键删除多余部分，效果如图 3-59 所示。
15. 按 Ctrl+D 快捷键取消选区。如图 3-60 所示为最后完成的圆柱体。

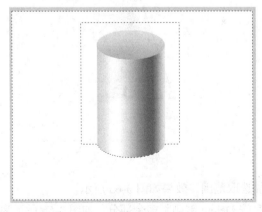
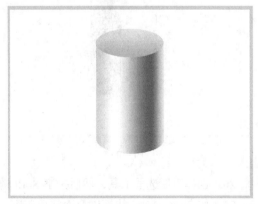

图 3-59   图 3-60

16. 制作圆锥体。新建图层 5，选择矩形选框工具，在图像窗口中画一个矩形区域，如图 3-61 所示为一个长方形。

17. 在工具箱中选择渐变工具，并在其工具栏中单击渐变条弹出渐变编辑器对话框，如图 3-62 所示，按对话框所示的样式编辑渐变的过渡色，设置从左到右色标的 RGB 值分别为（R:200，G:200，B:200）、（R:255，G:255，B:255）、（R:78，G:78，B:78）、（R:238，G:238，B:238），位置分别为 0%、30%、80%、100%，如图 3-62 所示。

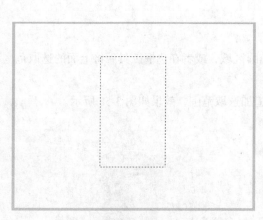

图 3-61

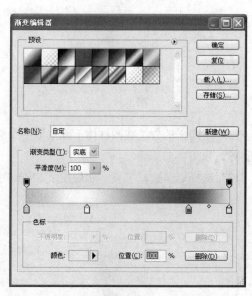

图 3-62

18. 移动鼠标指针到图像窗口的选取范围中，按下鼠标并沿水平方向从左至右填充渐变颜色，得到如图 3-63 所示的效果。

19. 制作图形透视效果。按 Ctrl+T 快捷键，在图形上单击鼠标右键选择"透视"命令，向里拖动，变成如图 3-64 所示的图形，按确定键。

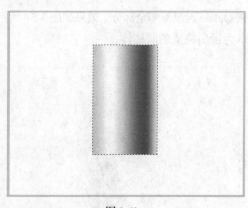

图 3-63

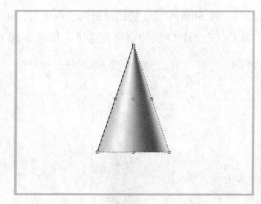

图 3-64

20. 选择矩形选框工具，然后按下 Shift 键追加选取范围，效果如图 3-65 所示。

21. 按 Shift+Ctrl+I 快捷键反选选取范围，然后按 Delete 键删除多余部分，如图 3-66 所示为最后完成的圆锥体。

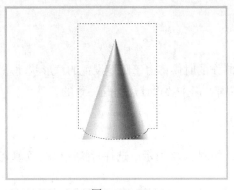

图 3-65

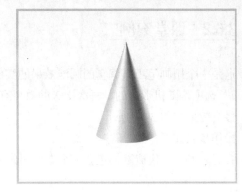

图 3-66

22. 制作立方体。新建图层 6，在工具栏中选择矩形选区，绘制一个矩形，然后选择"渐变工具"，在渐变编辑器中设置从左到右色标的 RGB 值分别为（R:110，G:110，B:110），（R:192，G:192，B:192），设置完成后单击确定按钮。选择线性渐变，拖动鼠标，填充渐变色。如图 3-67 所示。

23. 按 Alt 键将绘制完成的矩形向右复制一个，然后按 Ctrl+T 快捷键自由变形工具将复制的矩形变形，作为立方体的侧面，用同样的方法绘制出顶面，一个立方体就完成了。注意选用合适的画笔设计阴影，如图 3-68 所示。

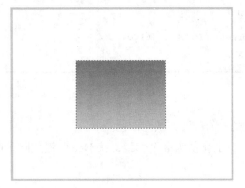

图 3-67

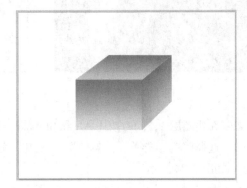

图 3-68

24. 在工具栏中选择"画笔工具"，绘制立方体的阴影，选择画笔工具，选择柔边笔尖形状，然后在"前景色"中选择灰色进行涂抹，如图 3-69 所示。

25. 几何体的绘制完成了，效果图如图 3-70 所示。

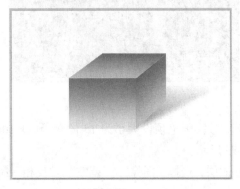

图 3-69

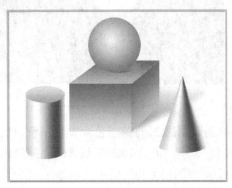

图 3-70

3.6.2 课堂案例二

这是一个用画笔工具编辑的圆泡效果的实例。制作的时候，由于画笔设置的"形状动态"和"散布"选项是随机形成的，每次出来的效果有所不同，但主要设计思路是一致的。

最终效果如图 3-71 所示。

操作步骤如下。

1. 按 Ctrl+N 快捷键，建立一个新的图像文件，如图 3-72 所示。选择背景层以黑色填充。

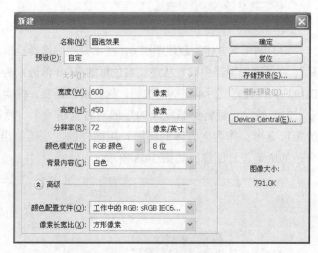

图 3-71 图 3-72

2. 新建图层 1，同时按住 Alt 和 Shift 键，建立正圆选区，填充白色。

3. 选择菜单"选择"/"修改"/"羽化"命令，羽化值为 8 个像素，按 Delete 键删除，取消选区。如图 3-74 所示。

图 3-73 图 3-74

4. 新建图层 2，将前景色设置为白色，选择画笔工具，画笔预设大小为 15 像素，硬度 100%，不透明度 80%，流量 100%，设置高光部分如图 3-75 所示。

5. 合并图层 1 和图层 2，按 Ctrl+E 快捷键合并图层，选择"图像"/"调整"/"反相"命令，将背景图层隐藏，如图 3-76 所示。

图 3-75

图 3-76

6. 选择菜单"编辑"/"定义画笔预设"命令，定义画笔名称为"圆泡"，如图 3-77 所示。

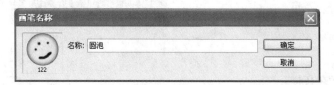
图 3-77

7. 打开画笔预设，将主直径设置为 62 像素，间距设置为 185，如图 3-78 所示。

8. 接着选择形状动态，将大小抖动设置为 100%，继续选择散布，勾选两轴，将散布设置为 1000，将数量设置为 1，关闭画笔调板，如图 3-79、图 3-80 所示。

9. 打开文件，选择"第 3 章/素材/圆泡效果"中的人物，选择画笔工具，在画布上拖动画笔。效果如图 3-81 所示。

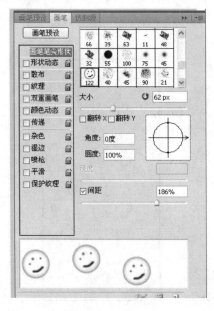
图 3-78

图 3-79

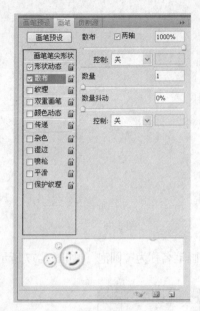

图 3-80   图 3-81

3.6.3　课堂案例三

这是一个用矩形选框工具和自定义图案制作信纸的实例。自定义图案的编辑可以使用选框工具，也可以使用绘画和修饰工具，然后经过图案的填充，就可以得到信纸的线条图案，再拖入图案素材即可完成。

最终效果如图 3-82 所示。

操作步骤如下。

1. 新建一个 10 像素×18 像素的透明空白文件，在工具箱中选择缩放工具，将新建图像放大到合适的大小。在空白文件的上方绘制选区范围，然后按住 Shift 键添加右侧的选定范围，如图 3-83 所示。

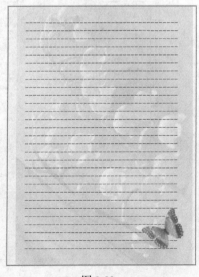

图 3-82   图 3-83

2. 选择菜单"编辑"/"填充"命令，将选取范围填充为黑色，如图 3-84 所示。

3. 选择"选择"/"全选"命令，选取整个图像，如图 3-85 所示。

图 3-84　　　　　　　　　　图 3-85

4. 选择"编辑"/"定义图案"命令，将图 3-86 所示的定义为图案 1。

5. 选择"文件"/"新建"命令，设置名称为"信纸"，大小为 480 像素×640 像素，RGB 模式，分辨率为 72 像素/英寸。

图 3-86

6. 选择"信纸"图像文件，在"图层"调板中，单击"创建新的图层"按钮，建立一个新的图层 1。

7. 选择工具箱中的矩形选框工具，在图像中画出需要制作信纸文稿线的区域，如图 3-87 所示。

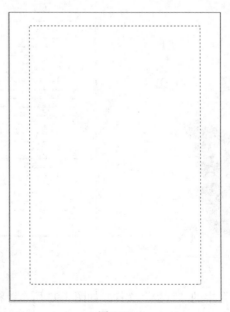

图 3-87

8. 选择油漆桶工具，然后在将属性栏"填充"选项下拉列表框中选择"自定图案"。单击"确定"按钮，用定义的图案填充选取范围，效果如图 3-88、图 3-89 所示。

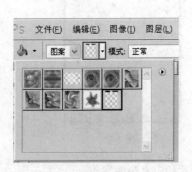

图 3-88   图 3-89

9. 打开"第 3 章/素材"中的"蝴蝶"文件，如图 3-90 所示，并用魔棒工具选中蝴蝶。

10. 将蝴蝶图像拖入。用魔棒工具选中白色背景，按 Delete 键删除。用移动工具到合适位置，图像如图 3-91 所示。

图 3-90   图 3-91

11. 打开"第 3 章/素材"中的"背景"文件，如图 3-92 所示，将背景图像拖入，在"图层"调板中调整背景图像的不透明度为 20，使背景图像若隐若现，最终效果如图 3-93 所示。

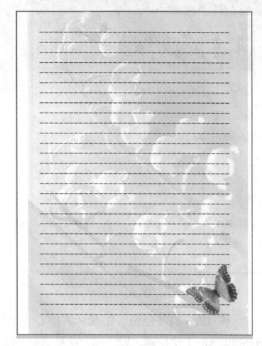

图 3-92　　　　　　　　　　　　　　　　　图 3-93

3.6.4　课堂案例四

这是一个用渐变工具和图像的编辑制作花卉背景的实例。每次制作的时候，基本椭圆形大小和自由变换的各属性值可有不同，出来的效果可有千变万花的图案。但主要的制作思路是一致的。

最终效果如图 3-94 所示。

操作步骤如下。

1. 新建文件如图 3-95 所示，选择背景层以自选彩色填充。

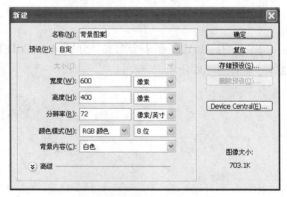

图 3-94　　　　　　　　　　　　　　　　　图 3-95

2. 新建图层 1，建立椭圆选区，在其工具栏中单击渐变编辑器，弹出对话框，编辑渐变色，调整渐变从白色到透明到白色，使用线性渐变填充选区，如图 3-96、图 3-97 所示。

图 3-96   图 3-97

3. 按 Ctrl+T 快捷键，用鼠标将中心点下移，旋转 30°，单击"确定"按钮。再多次按 Ctrl+Shift+Alt+T 快捷键，旋转成为花瓣图案，按 Ctrl+D 快捷键取消选区，如图 3-98 所示。

4. 复制图层 1，按 Ctrl+T 快捷键缩小图像，合并图层，如图 3-99 所示。

图 3-98   图 3-99

5. 按住 Alt 键复制多个图案，分别执行 Ctrl+T 快捷键自由变换。最大图案改变不透明度为 25%，如图 3-100 所示。

图 3-100

3.6.5　课堂案例五

这是一个用自由变换和图像变形为杯子添加花纹图案的实例。在制作的时候，可以选择不同的图案，杯子也可换成其他的物品，制作的思路是相同的。操作步骤如下。

1. 打开"第 3 章/素材"文件夹中的"杯子"和"花纹"图片素材，如图 3-101、图 3-102所示。

图 3-101　　　　　　　　　　　　　　　　　　图 3-102

2. 对花纹图片进行编辑，选择魔棒工具，设置容差值为 8，如图 3-103 所示，使用魔棒进行选择，单击背景黑色，对选区进行删除，然后按快捷键 Ctrl+Shift+I 为反选，效果如图 3-104 所示。

图 3-103　　　　　　　　　　　　　　　　　　图 3-104

3. 使用移动工具将花纹图层移动到杯子文件上，并使用自由变形命令 Ctrl+T 快捷键调整花纹大小，效果如图 3-105 所示。

4. 按回车键完成自由变换。选择"编辑"/"变换"/"变形"命令，然后调整各个支点，使花纹的形状与杯子体部相吻合，按下 Enter 键确定，如图 3-106、图 3-107 所示。

图 3-105　　　　　　　　图 3-106　　　　　　　　图 3-107

5. 设置图层 1 的混合模式为"正片叠底",如图 3-108 所示,最终效果如图 3-109 所示。

图 3-108

图 3-109

3.7 技能实训练习

一、在本案例中主要学习如何使用渐变工具和选区的收缩变换做出漂亮的按钮图案。我们将使用渐变工具、选区的自由变换等命令的使用方法和技巧来达到这种效果。

要点提示:

1. 新建文件,新建图层。选择椭圆或矩形选框工具做选区;

2. 编辑渐变颜色从亮灰色到深灰色,在选区内填充渐变色;

3. "选择"/"修改"/"收缩"命令,重新反方向填充渐变色;

4. "选择"/"修改"/"收缩"命令,在椭圆或者矩形选区内填充渐变色。

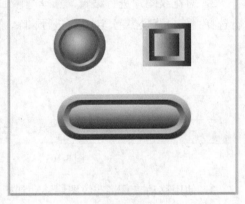

图 3-110

二、在本案例中主要学习如何用选框工具、油漆桶工具、定义图案、填充图案等来达到一种抽丝的效果。

图 3-111

图 3-112

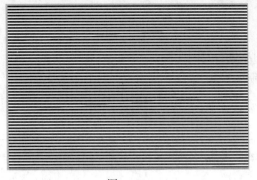

图 3-113　　　　　　　　　　　　　　　图 3-114

要点提示：

1. 新建文件，2 像素×4 像素大小（要想抽丝清楚，可 3 像素×6 像素），RGB 模式白色背景；

2. 选择矩形选框工具将上半部选中，填充黑色；

3. 按 Ctrl+A 快捷键全选，单击"编辑"/"定义图案"命令；

4. 将自定义图案填充画布，调节不透明度；

5. 打开素材图像放到最底层。

三、在本案例中主要学习如何绘制邮票效果。我们将使用填充颜色、改变画布大小、自由变换等命令，来达到这种效果。

要点提示：

1. 打开素材图片，执行"图像"/"画布大小"命令，扩大画布；

2. 新建图层，选择"椭圆工具"，按住 Shift 键画圆，填充黑色；

3. 按快捷键 Ctrl + T，按下属性栏参考定位点，分别设定 X 值和 Y 值；

4. 然后按下快捷键 Ctrl+Shift+Alt+T 执行自由变换；

5. 复制图层。

图 3-115

四、在本案例中主要练习如何使用图像的自由变换做出漂亮的图案效果。我们将使用填充颜色、复制等命令达到这种效果。

图 3-116

要点提示：

1. 先利用选框工具制作基本图形；

2. 填充颜色，然后按下快捷键 Ctrl + T，对图形进行复制变换；

3. 以基本圆形图案为基本图形，再次执行复制变换。

技巧点拨

要想熟练地使用绘制与美好工具，还需要掌握如下几个使用技巧。

1. 利用画笔工具组绘图时，在英文输入法状态下按键盘中"［"可增大笔刷尺寸，按"］"键可缩小笔刷尺寸。

2. 在使用魔棒工具选取后，可以使用"选择"/"选取相似"命令，然后设置一下羽化效果，这样选取的选区的效果比较好。

3. 在变换图像时，如果拖动控制句柄时按住 Shift 键，则可按比例缩放图像。如果拖动时按住 Alt 键，则可依据当前操作中心对称地缩放图像。

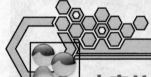

本章总结

本章通过 5 个设计实例讲了绘制图像、修饰图像、填充图像等所涉及的工具箱中的绘画工具、填充工具、修饰工具、修补工具等的使用方法，以及编辑图像的方法。每种工具都有其独到之处，要想学好并灵活运用，没有捷径可取，在实践中要多摸索、多实践，只有正确、合理地选择、使用与编辑，才能绘制出完美的图像。

第4章

图层的应用

平面设计软件 Photoshop 的图层功能是平面设计中非常重要的功能之一，可以说有平面设计的地方就离不开图层编辑。图层在我们使用 Photoshop 进行图像处理中，具有十分重要的地位，也是最常用到的功能之一。掌握图层的概念是我们学习 Photoshop 的基础课程。本章以图层为重点，详细介绍有关图层的各种功能及操作要点。

技能目标：
- 掌握图层的应用
- 掌握图层样式的应用
- 掌握图层混合模式的应用
- 了解图层蒙版

相关知识：
- 图层的基本知识
- 图层的编辑
- 图层的混合模式
- 图层样式
- 图层蒙版
- 填充图层和调整图层

4.1 图层的基础知识

在 Photoshop 中，一幅图像通常是由多个不同类型的图层通过一定的组合方式自下而上叠放在一起组成的，它们的叠放顺序以及混合方式直接影响着图像的显示效果。所谓图层就好比一层透明的玻璃纸，透过这层纸，我们可以看到纸后面的东西，而且无论在这层纸上如何涂画，都不会影响到其他层中的内容。

4.1.1　图层调板和菜单

1．认识不同的图层内容

在制作复杂的图像效果时，"图层"调板会包含多种类型的图层，每种类型的图层都有不同的功能和用途，适合创建不同的效果，它们在"图层"调板中的显示状态也各不相同，如图 4-1 所示。

背景图层："图层"调板最下边的图层即为背景层，背景层不能执行移动、修改混合模式的修改等操作。

文字图层：使用文本工具输入文字时，即可创建文字图层，它具有独立性和可编辑性。

形状图层：使用形状工具组创建的带有矢量形状的蒙版图层，形状图层不受分辨率的限制，因此在进行缩放时可保持对象画质不受损失，修改比较容易。

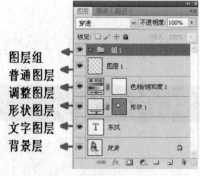

图 4-1

调整图层：调整图层包括填充和调整图层，可以调整图像的色彩，作为一个独立的图层，它记录了不同颜色的命令参数值，并可随时修改或删除。

普通图层：包含像素图像的图层，在该图层中，可以使用绘制工具直接在图层上进行绘制和修改。

图层组：当"图层"调板中的图层数量较多时，可以通过创建图层组来组织和管理图层，方便查找图层和编辑图层。

2．调板底部的功能按钮

在"图层"调板中包含了各种类型的图层，利用调板中提供的一些功能按钮，可以方便地创建、管理、编辑图层内容，见表 4-1。

表 4-1　　　　　　　　　　图层调板功能按钮介绍

图　标	名　　称	功　　能
●	指示图层可见	单击可以显示或隐藏图层
∞	链接图层	选择两个或两个以上的图层，激活"链接图层"图标，单击即可链接选中的图层
fx	添加图层样式	单击该按钮，在下拉菜单中选择一种图层效果以用于当前所选图层
▣	添加图层蒙版	单击该按钮，可以创建一个图层蒙版，用来修改图层内容
▭	创建新组	单击该按钮，可以创建一个新图层组
◑.	创建新的调整或填充图层	单击该按钮，在下拉菜单中选择一个填充图层或调整图层
▣	创建新图层	单击该按钮，可以创建一个新的图层
▤	删除图层	单击该按钮，可以删除当前的图层

3．图层菜单命令

通过图层菜单命令可以实现图层选择、图层合并、调整图层顺序等操作。

4.1.2　图层的基本操作

1．新建普通图层

新建普通图层的操作方法有以下 3 种。

　　方法 1：单击"图层"调板右侧三角按钮 ▶，在弹出的菜单中选择"新建图层"命令，然后对弹出的对话框进行设置。

　　方法 2：直接单击"图层"调板中的"创建新的图层"按钮 ⬛。

　　方法 3：选择"图层" / "新建" / "图层"命令，如图 4-2 所示。

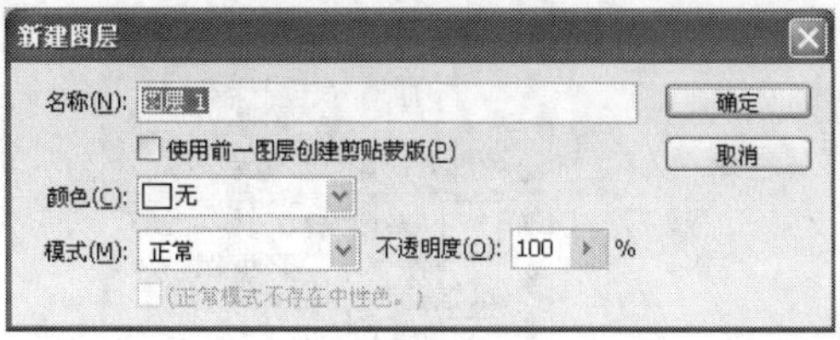

图 4-2

2．创建填充图层

　　填充图层包括"实色填充图层"、"渐变填充图层"、"图案填充图层"3 种，它们有许多共性，统称为填充图层。

　　（1）填充纯色图层。

　　创建纯色图层的操作步骤为，单击图层调板上的 ⬤. 按钮，在弹出的菜单上选择"纯色"命令，打开拾色器对话框选择一种色彩填充，如图 4-3 所示。

　　（2）填充渐变图层。

　　创建渐变图层的操作步骤为，单击图层调板上的 ⬤. 按钮，在弹出的菜单上选择"渐变"命令，打开渐变填充对话框，在该对话框中可以设置图层的渐变效果，如图 4-4 所示。

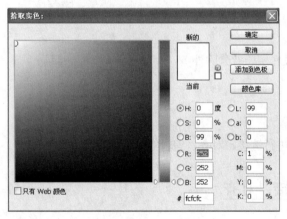

图 4-3

图 4-4

　　（3）填充图案图层。

　　创建图案图层的操作步骤为，单击图层调板上的 ⬤. 按钮，在弹出的菜单上选择"图案"命令，打开图案填充对话框，在该对话框中可以选择图案的效果，如图 4-5 所示。

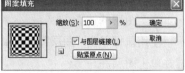

图 4-5

3．复制图层

　　复制图层是较为常用的操作。要复制图层先选中"图层1"，再用鼠标将"图层 1"的缩览图拖动至"创建新的图层"按钮上，如图 4-6 所示。释放鼠标，"图层 1"就被复制出来了，被复制出来的图层为"图层 1 副本"，它位于"图层 1"的上方，两图层中的内容一样，如图 4-7 所示。

4．删除图层

　　要删除某个图层，可以在"图层"调板中将该图层拖至"图层"调板下方的"删除图层"按钮 🗑 上。也可在"图层"调板的弹出菜单中选择"删除图层"命令，在弹出删除图层对话框中单击"是"按钮。

图 4-6 图 4-7

5．移动图层

通过移动图层，可以改变图层间的相互关系，在"图层"调板中选择需要移动的图层或图层组，按住鼠标左键向上或向下拖曳，待高光显示线出现在所需位置时，释放鼠标左键即可完成当前操作图层的移动。

除此之外，还可以先选择需要移动的图层，然后选择"图层"/"排列"级联菜单中的相关命令。其中：

"置为顶层"命令 将图层置于最顶层；

"前移一层"命令 将图层向上移一层；

"后移一层"命令 将图层向下移一层；

"置为底层"命令 将图层置于图像的最底层（背景除外）。

4.2 图层的编辑

在制作多层图像的过程中，需要对图层进行链接、对齐、编辑等操作管理。

4.2.1 图层的显示、选择、链接、对齐

图层的显示、选择、链接、对齐等操作是我们在设计中经常用到的，熟练掌握这些操作可大大提高编辑图像的速度。

（1）图层的显示。

使用"图层"调板，单击"图层"调板中一个图层左边的眼睛图标，可以显示或隐藏这个图层。

（2）图层的选择。

使用鼠标单击"图层"调板中的一个图层，可以选择这个图层。若要选择多个图层，可按 Ctrl 键并单击图层。

（3）图层的链接。

按住 Ctrl 键，连续单击多个要链接的图层，单击"图层"调板下方的链接图层按钮，如图 4-8 所示，图层中显示出链接图标，表示将所选图层链接。图层链接后将成为一组，当对一个链接图层进行编辑操作时，将会影响一组链接图层。

（4）取消图层的链接。

若要取消图层的链接，可单击"图层"调板下方的链接图层按钮即可，表示取消链接图层。

（5）图层的对齐。

选择图层链接时往往需要对选中的图层进行对齐操作，可单击"图层"/"对齐"命令，弹出"对齐"子菜单，如图 4-9 所示，选择对齐的方式。

图 4-8

图 4-9

4.2.2　新建图层组

当编辑多层图像时，为方便操作，可将多个图层建立在一个图层组中。

（1）新建图层组。

使用"图层"调板弹出式菜单，单击"图层"调板右上方的图标 ≡，弹出下拉菜单，如图 4-10 所示，选择"新建组"命令，弹出"新建组"对话框，如图 4-11 所示。

图 4-10　　　　　　　　　　　　　　　　　　　图 4-11

在"新建组"对话框中，包括新建组的"组名"、"颜色"、"模式"。

（2）从图层新建组。

"从图层新建组"命令，用于将当前选择的图层构成一个图层组，如图 4-12、图 4-13 所示。在对话框中，"名称"用于图层组的新命名，"颜色"可以选择图层组的显示颜色。

图 4-12

图 4-13

4.2.3　合并图层

在编辑的过程中，可以将图层进行合并。

单击"图层"调板右上方的图标 ≣，在弹出的下拉菜单中选择"向下合并"命令，或按 Ctrl+E 快捷键即可。

在选择了多个图层的情况下，按下快捷键 Ctrl+E 将所有选择的图层合并为一层，合并后的图层名继承自原先位于最上方的图层。Shift+Ctrl+E 快捷键为合并可见图层。

4.3　图层的混合模式

Photoshop 中图层混合模式用于为图层添加不同的模式，使图层产生不同的效果。在"图层"调板中，第一个选项 正常 用于设定图层的混合模式，它包括正常、溶解、变暗，正片叠底、颜色加深、线性加深、深色、变亮、滤色、颜色减淡、线性减淡、浅色、叠加、柔光、强光、亮光、线性光、点光、实色混合、差值、排除、减去、划分、色相、饱和度、颜色、明度。部分模式的原理如下。

正常模式，也是默认的模式，不和其他图层发生任何混合。

溶解模式，溶解模式产生的像素颜色来源于上下混合颜色的一个随机置换值，与像素的不透明度有关。

变暗模式，是看每一个通道的颜色信息以及相混合的像素颜色，选择较暗的作为混合的结果。颜色较亮的像素会被颜色较暗的像素替换，而较暗的像素就不会发生变化。

正片叠底模式，是看每个通道里的颜色信息，并对底层颜色进行正片叠加处理。其原理和色彩模式中的"减色原理"是一样的。这样混合产生的颜色总是比原来的要暗。

颜色加深模式，让底层的颜色变暗，有点类似于正片叠底，但不同的是，它会根据叠加的像素颜色相应增加底层的对比度，和白色混合没有效果。

线性颜色加深模式，类似于正片叠底，通过降低亮度，让底色变暗以反映混合色彩。

变亮模式，和变暗模式相反，比较相互混合的像素亮度，选择混合颜色中较亮的像素保留起来，而其他较暗的像素则被替代。

颜色减淡模式，与颜色加深刚好相反，通过降低对比度，加亮底层颜色来反映混合色彩。与黑色混合没有任何效果。

线性颜色减淡模式，类似于颜色减淡模式。但是通过增加亮度来使得底层颜色变亮，以此获得混合色彩。与黑色混合没有任何效果。

4.4　图层样式

通过为图层添加投影、外发光、斜面浮雕等样式，可以为图层快速地作出一些特殊效果，使图层更加完美。

4.4.1　图层样式命令

"样式"命令用于当前图层产生样式效果，为图层添加"样式"的方法有以下两种。

（1）单击"图层"调板下面的 fx. 按钮，则弹出"图层样式"下拉菜单，如图 4-14 所示。

（2）使用"图层" / "图层样式" / "混合选项"命令，弹出"图层样式"对话框，如图 4-15 所示。

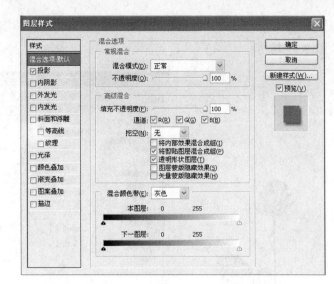

图 4-14   图 4-15

4.4.2　图层样式效果

下面将对图层样式进行介绍。

1. 混合选项

"混合选项"用于当前层产生的默认效果，这个选项的作用和图层面板中的一样。在这里修改"不透明度"的值，图层面板中的设置也会有相应的变化。这个选项会影响整个图层的内容。

"填充不透明度"选项，该选项只会影响图层本身的内容，不会影响图层的样式。因此调节这个选项可以将图层调整为透明的，同时保留图层样式的效果。

"挖空"选项用于设置图层颜色的深浅，"挖空"方式有 3 种：深、浅和无，用来设置当前层在下面的层上"打孔"并显示下面层内容的方式。如果没有背景层，当前层就会在透明层上打孔。

2. 投影

添加"投影"效果后，当前层的下方会出现一个轮廓和层的内容相同的"影子"，这个影子有一定的偏移量，默认情况下会向右下角偏移。阴影的默认混合模式是正片叠底，不透明度 75%。应用"投影"样式后的图像效果，如图 4-16、图 4-17 所示。

图 4-16

图 4-17

3. 内阴影

"内阴影"用于在当前层内部产生阴影效果，添加了"内阴影"的图层上方好像多出了一个透明的层（黑色），混合模式是正片叠底，不透明度 75%。应用"内阴影"样式后的图像效果，如图 4-18、图 4-19 所示。

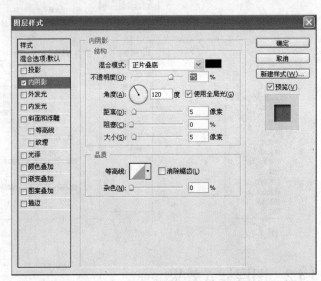

图 4-18   图 4-19

4．外发光

"外发光"用于在图像的边缘产生一种辉光效果，默认混合模式是滤色，不透明度 75%。应用"外发光"样式后的图像效果，如图 4-20、图 4-21 所示。

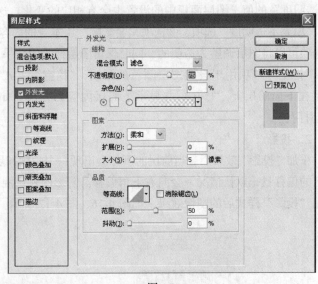

图 4-20   图 4-21

5．内发光

"内发光"用于在图像的边缘内部产生一种辉光效果，默认混合模式是滤色，不透明度 75%。应用"内发光"样式后的图像效果，如图 4-22、图 4-23 所示。

6．斜面和浮雕

"斜面和浮雕"用于使当前层产生一种倾斜与浮雕的效果，"斜面和浮雕"可以说是 Photoshop

图层样式中最复杂的，其中包括内斜面、外斜面、浮雕效果、枕状浮雕和描边浮雕，虽然每一项中包涵的设置选项都是一样的，但是制作出来的效果却差别很大。

图 4-22

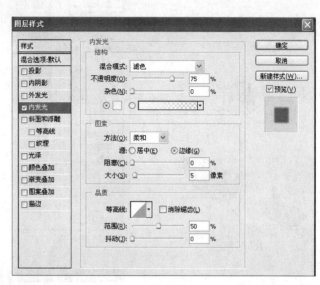

图 4-23

调整参数结构部分包括：样式、方法、深度、方向、大小、软化。

调整参数阴影部分包括：角度、高度、光泽等高线、高光模式、不透明度、阴影模式、不透明度。

应用"斜面和浮雕"样式后的图像效果，如图 4-24、图 4-25 所示。

图 4-24

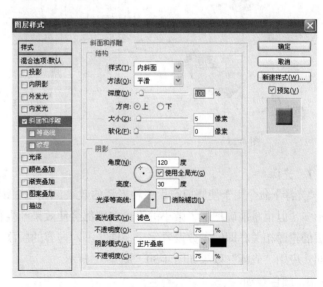

图 4-25

"等高线"决定了物体特有的材质，物体凹凸就由等高线来控制。等高线带来不同的亮度，而亮度决定了物体的凹凸。应用"等高线"后图像效果如图 4-26、图 4-27 所示。

"纹理"可以使图层添加不同的纹理效果，如图 4-28、图 4-29 所示。

图 4-26

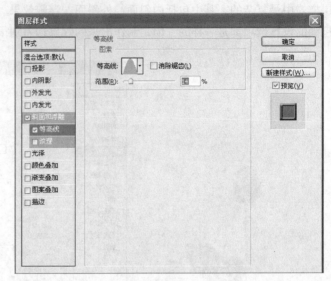

图 4-27

图 4-28

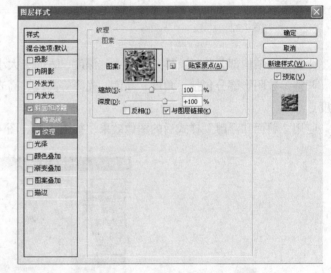

图 4-29

7．光泽

"光泽"命令用于使当前产生一种光泽的效果，用来在图层的上方添加一个光泽效果，选项虽然不多，但很难准确把握，微小的设置差别都会使效果产生很大的变化。另外"光泽"效果还和图层的轮廓相关，即使参数设置完全一样，不同内容的层添加"光泽"样式之后产生的效果完全不同。应用"光泽"效果如图 4-30、图 4-31 所示。

8．颜色叠加

最简单的图层样式，相当于为图层着色。应用"颜色叠加"效果，如图 4-32、图 4-33 所示。

9．渐变叠加

"渐变叠加"用于使当前层产生一种渐变叠加效果，应用"渐变叠加"效果，如图 4-34、图 4-35 所示。

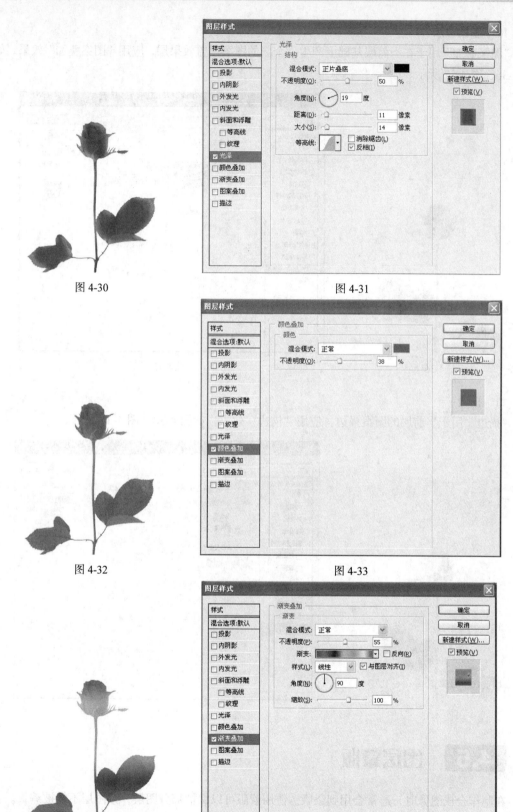

图 4-30　图 4-31　图 4-32　图 4-33　图 4-34　图 4-35

10. 图案叠加

"图案叠加"用于在当前层基础上产生一个新的图案覆盖效果层，应用"图案叠加"效果，如图 4-36、图 4-37 所示。

图 4-36

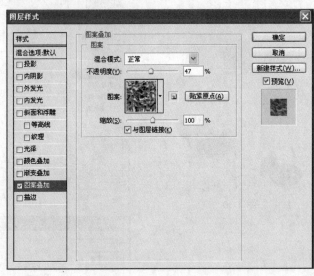

图 4-37

11. 描边

"描边"用于当前层的图案描边，应用"描边"效果，如图 4-38、图 4-39 所示。

图 4-38

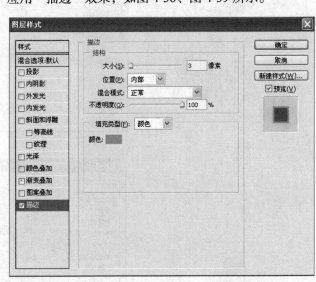

图 4-39

4.5　图层蒙版

在制作合成图像时，通常会用到蒙版，使用蒙版可以保护部分图层，该图层不能被编辑。我们可以通过改变图层蒙版不同区域的黑白程度，控制图像对应区域的显示与隐藏状态，从而为图层添加特殊效果。

4.5.1 图层蒙版创建与删除

在图层调板中，按住 Alt 键的同时单击 图标（添加图层蒙版），当前图层的后面就会显示蒙版图标（背景图层不能创建蒙版），如图 4-40 所示。

执行"图层"/"图层蒙版"/"显示全部"命令，生成的就是白色的蒙版；若执行"图层/"图层蒙版/隐藏全部"命令，生成的就是黑色的蒙版。当在图层中有选择范围时，可将"显示选区"和"隐藏选区"两项命令激活。

图 4-40

要删除蒙版可在蒙版图层被选中的情况下，执行"图层/图层蒙版/删除"命令，也可以将图层蒙版拖曳到图层调板中的垃圾桶图标上，或选中蒙版缩览图后单击垃圾桶图标，在弹出的对话框中有 3 个选项："应用"、"取消"和"删除"。根据需要选择即可，如图 4-41 所示。

双击图层调板上的蒙版缩览图，会弹出"图层蒙版显示选项"对话框，如图 4-42 所示。此对话框用来设定蒙版的表示方法，内定是用 50%的红色来表示。如果要选择自己喜欢的颜色，可单击"颜色"下面的小色块，在弹出的拾色器中选择颜色。此处的设定只和显示有关，对图像没有任何影响。

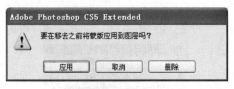

图 4-41

图 4-42

4.5.2 图层蒙版的编辑

图层蒙版可以隐藏部分当前图层，了解和掌握如何编辑图层蒙版非常重要，要编辑图层蒙版必须单击蒙版缩略图 。在蒙版被选中的情况下，可以使用任何一种编辑或绘画工具对蒙版进行编辑。

在编辑蒙版时前景色和背景色处于灰度模式，如果要通过编辑蒙版显示当前图层，可以在要显示的区域以白色进行绘制，如果要隐藏当前图层，可在隐藏的区域以黑色绘图，如图 4- 43、图 4-44 所示。

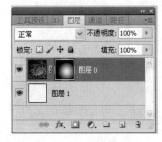

图 4-43

图 4-44

4.5.3 课堂案例一

1. 打开"第 4 章/素材"中的"风景"与"鸟"文件，如图 4-45、图 4-46 所示。

图 4-45   图 4-46

2. 在工具箱中选择移动工具，将风景图片拖曳到鸟图片上，并调整到合适的位置，图 4-47
和图 4-48 为图片移动的位置及"图层"调板。

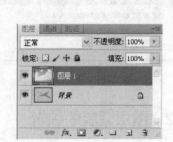

图 4-47   图 4-48

3. 在"图层"调板上单击"添加图层蒙版"按钮，为图层 1 添加蒙版，如图 4-49 所示。

4. 选择工具箱上的画笔工具，选择大小合适的画笔，在图像上拖曳，以显示下一层的图像，
效果如图 4-50 所示。

图 4-49   图 4-50

4.5.4　课堂案例二

本例是制作一个花卉海报的实例，用图层蒙版的相关知识。蒙版就像喷绘时使用的挡板，它可以用来限制颜料的喷绘范围。通过使用添加蒙版、编辑蒙版、为蒙版添加图层样式等知识点进行设计。

操作步骤如下。

1. 新建文件。单击"文件"/"新建"命令，把名称命名为"海报"，并调整宽度为 227 像素，高度为 340 像素，分辨率为"150 像素/英寸"，设置前景色 RGB 为（R:250，G:241，B:88），背景色 RGB 为（R:245,G:171,B:18），选择"滤镜"/"渲染"/"云彩"命令，效果如图 4-52 所示。

2. 应用"滤镜"/"纹理"/"染色玻璃"命令，效果如图 4-53 所示。

图 4-51

图 4-52

图 4-53

3. 导入"第 4 章"/"素材"花卉图片，并调整图片大小和位置，如图 4-54 所示。

4. 给花卉图层添加图层蒙版应用蒙版制作如图 4-55 所示的效果，并为蒙版描边。

5. 用同样的方法，制作花卉图像，蒙版如图 4-56 所示，效果如图 4-57 所示。

6. 合并所有花卉图层，复制图层，选择"垂直翻转"命令，调整位置，将复制的图层添加蒙版如图 4-58 所示，效果如图 4-59 所示的效果。

图 4-54

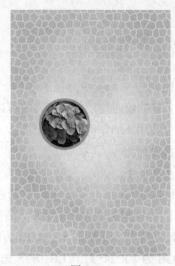

图 4-55

图 4-56

图 4-57

图 4-58

图 4-59

7. 选择横排文字工具，输入合适的文字，最终效果如图 4-60 所示。

图 4-60

4.6　填充图层和调整图层

在 Photoshop 中，可以创建填充图层和调整图层。填充图层有渐变、图案和纯色 3 种。调整图层用来对图像进行颜色调整，而且不会对图像本身有任何影响。

4.6.1　填充图层

执行"图层"/"新填充图层"命令，如图 4-61 所示。或者从图层调板下面的按钮上单击"创建新的填充或调整图层"。

填充图层可以设定不同的透明度以及不同的图层混合模式。可以随时删除填充图层，并不影响图像本身的像素。如果需要将填充图层转化为一般的图像图层，可在图层调板中选择填充图层后执行"图层"/"栅格化"/"填充内容"命令。

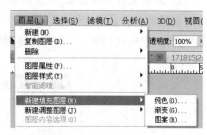

图 4-61

4.6.2　调整图层

执行"图层"/"新调整图层"命令，如图 4-62、图 4-63 所示。

调整图层对于图像的色彩调整非常有帮助。在创建的调整图层中进行各种色彩调整，效果与对图像执行色彩调整命令相同。并且在完成色彩调整后，还可以随时修改及调整，而不用担心会损坏原来的图像。内定情况下调整图层的效果对所有调整图层下面的图像图层都起作用。调整图层除了可以用来调整色彩之外，还具有图层的很多功能，如调整不透明度、设定不同的混合模式并可通过修改图层蒙版达到特殊效果。

图 4-62

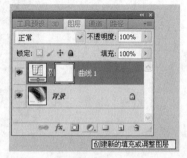

图 4-63

4.7 图层的应用实例

4.7.1 课堂案例三

制作发光特效按钮的具体步骤如下。

1. 新建文件 600 像素×600 像素，分辨率 72，颜色模式 RGB，其他参数不变，选择绿色→白色渐变工具为背景添加渐变效果。

2. 双击背景图层，打开"新建图层"对话框，单击"确定"按钮，如图 4-64 所示。

图 4-64

3. 在图层面板中单击"添加图层样式"命令，在下拉菜单中选择"渐变叠加"命令，如图 4-65 所示。

4. 在图层面板中再次单击"添加图层样式"命令，在下拉菜单中选择"图案叠加"命令，图案选"石墙"，如图 4-66 所示。

5. 新建一个图层 1，选择椭圆选框工具，创建一个椭圆，设置前景色为深绿，然后填充选区，如图 4-67、图 4-68 所示。

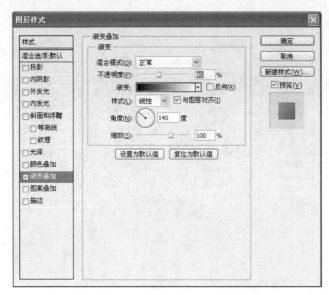

图 4-65

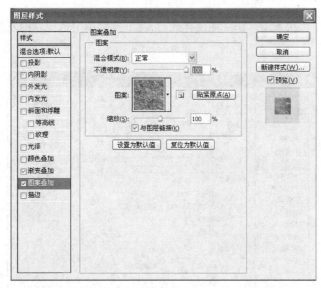

图 4-66

图 4-67

图 4-68

6. 在图层面板中单击"添加图层样式"，在下拉菜单中选择"投影"命令，参数设置如图 4-69 所示。

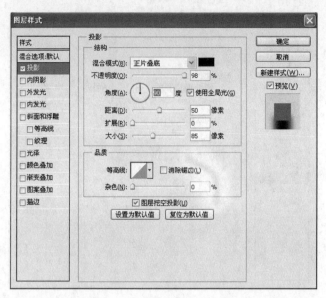

图 4-69

7. 在图层面板中再次单击"添加图层样式",在下拉菜单中选择"内发光"命令,参数设置如图 4-70 所示。

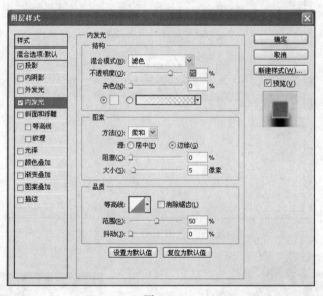

图 4-70

8. 复制图层 1 得到图层 1 副本,删去图层 1 副本中的图层样式,在图层面板中单击"添加图层样式",在下拉菜单中选择"外发光"命令,参数设置如图 4-71 所示。

9. 在工具箱中选择移动工具,移动图层 1 副本到如图 4-72 所示的位置。在图层 1 副本的上方单击"锁定透明像素"按钮,然后设置前景色为黑色,按 Alt+Del 快捷键在图层 1 副本填充黑色。

10. 选择椭圆选区工具,绘制如图 4-73 所示的选区。

11. 在图层面板中单击"添加图层样式"命令,在下拉菜单中选择"投影"命令,参数设置如图 4-74 所示。

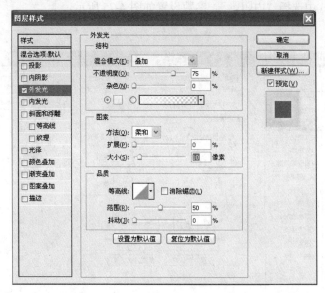

图 4-71

图 4-72

图 4-73

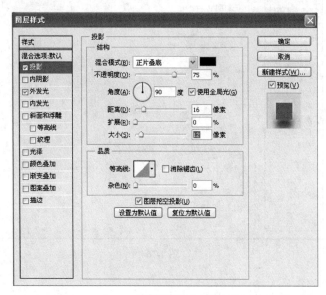

图 4-74

12. 在图层样式中选择"内阴影"，参数设置如图 4-75 所示。

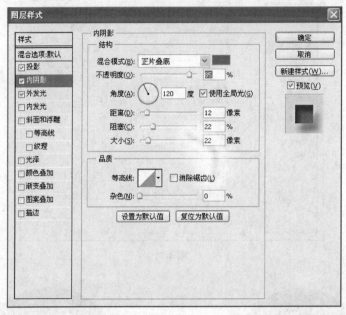

图 4-75

13. 在图层样式中选择"内阴影"，参数设置如图 4-76 所示。

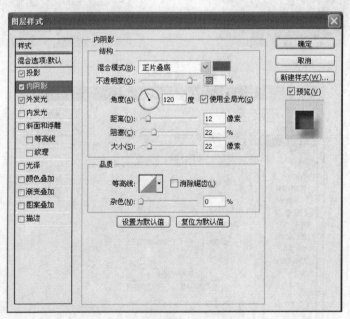

图 4-76

14. 在图层样式中选择"内发光"，参数设置如图 4-77 所示。

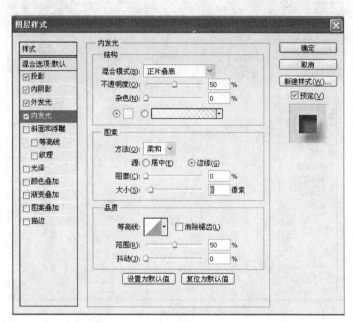

图 4-77

15. 在图层样式中选择"斜面和浮雕"，参数设置如图 4-78 所示。

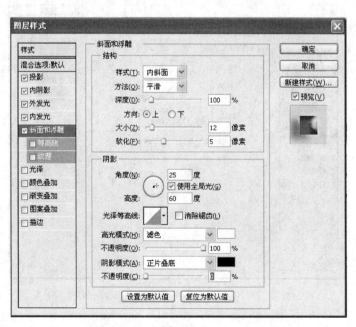

图 4-78

16. 在图层样式中选择"等高线"，参数设置如图 4-79 所示。

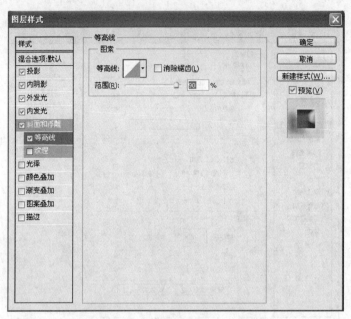

图 4-79

17. 在图层样式中选择"光泽",参数设置如图 4-80 所示。

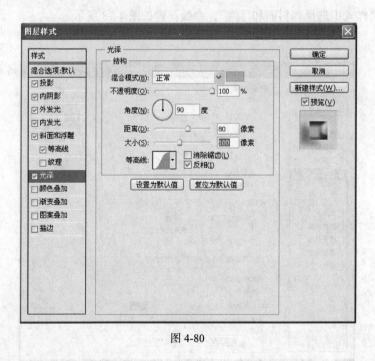

图 4-80

18. 在图层样式中选择"渐变叠加",参数设置如图 4-81 所示。

19. 按 Ctrl+T 快捷键打开自由变换,调节图层如图 4-82 所示。

20. 新建图层 2,然后使用椭圆选区工具在图层 2 绘制一个椭圆,并且填充白色,如图 4-83 所示。

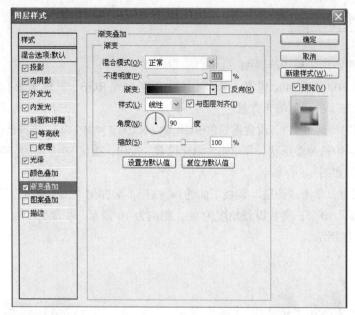

图 4-81

图 4-82

图 4-83

21. 打开样式调板，为图层 2 中的椭圆选择一个黄色的"Web 样式"，如图 4-84 所示。
22. 按 Ctrl+T 快捷键打开自由变换，调节图层 2，最终效果如图 4-85 所示。

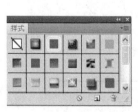

图 4-84

图 4-85

4.7.2 课堂案例四

制作立体透明图形，操作步骤如下。

1. 新建文件 500 像素×400 像素，分辨率 72，颜色模式 RGB，其他参数不变，选择 RGB 为（R:236,G:255,B:255）的颜色填充背景。

2. 新建一图层得到图层 1，设置前景色 RGB 为（R:0,G:174,B:240），选择自定义形状工具 🖌，在其工具栏选项栏中选择 🐾 形状，并单击"填充像素"按钮，按住 Shift 键的同时在文件的中央绘制一个爪形形状，如图 4-86 所示。

3. 选择图层 1，单击"图层"调板下面的 *fx.* 按钮，则弹出"图层样式"下拉菜单，在下拉菜单中选择"投影"命令，参数设置角度为 90，距离为 10 像素，扩展为 5%，大小为 10 像素，如图 4-87、图 4-88 所示。

图 4-86   图 4-87

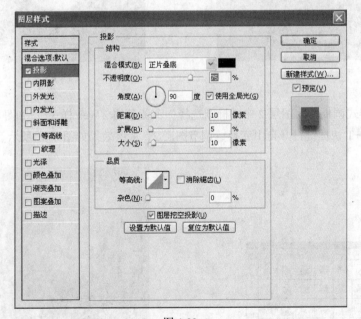

图 4-88

4. 对图形添加"内阴影"样式，参数设置角度 90，距离 10，阻塞 10%，大小 20，不透明度

75%，如图 4-89、图 4-90 所示。

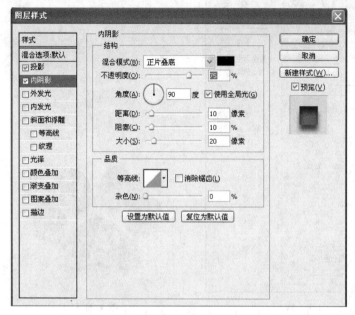

图 4-89　　　　　　　　　　　　　　　　　图 4-90

5. 对图形添加"外发光"样式，参数设置扩展 10%，大小 8，不透明度 75%，如图 4-91、图 4-92 所示。

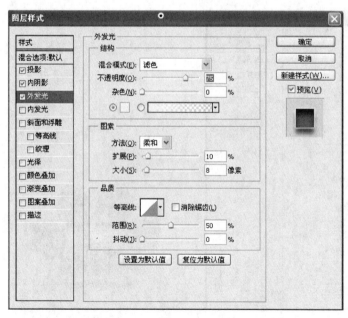

图 4-91　　　　　　　　　　　　　　　　　图 4-92

6. 对图形添加"内发光"样式，阻塞 10%，大小 20，不透明度 75%，如图 4-93、图 4-94 所示。

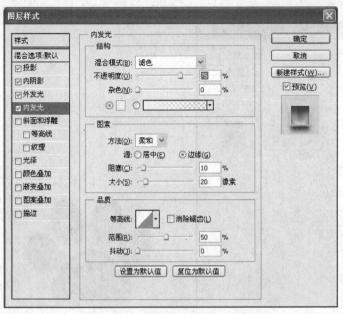

图 4-93
图 4-94

7. 对图形添加"斜面浮雕"样式，参数设置深度 200%，大小 13 像素，软化 8 像素，高光颜色为白色，不透明度 100%，阴影颜色为白色，不透明度为 75%，如图 4-95、图 4-96 所示。

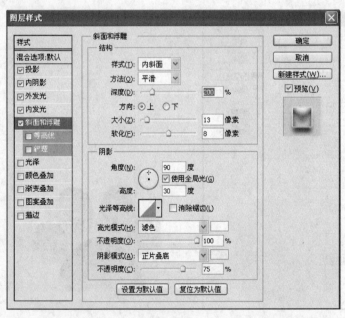

图 4-95
图 4-96

8. 对图形添加"光泽"样式，参数设置如图 4-97 所示，最终效果如图 4-98 所示。

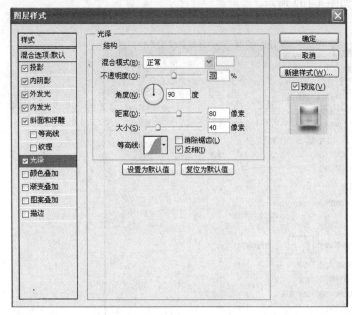

图 4-97

图 4-98

4.7.3　课堂案例五

制作黄金字，操作步骤如下。

1. 新建文件 800 像素×400 像素，分辨率 72，颜色模式 RGB，背景透明。使用"横排文字工具"输入文字"吉祥如意"，字体颜色为 b09622，如图 4-99 所示。

图 4-99

2. 复制两个文字图层，两个新图层填充属性均为 0%，如图 4-100 所示。

图 4-100

3. 选择文字图层，对图层添加"斜面浮雕"、"等高线"样式，参数设置如图 4-101，阴影模式色彩为 888a06，等高线参数设置如图 4-102 所示。

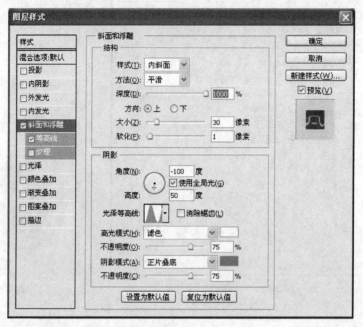

图 4-101

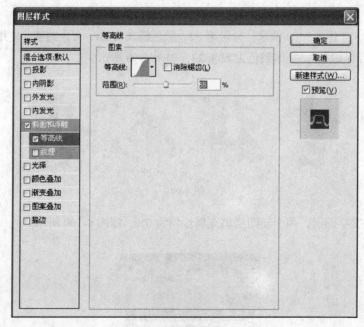

图 4-102

4. 选择文字副本图层，对图层添加"斜面浮雕"、"等高线"、"光泽"样式，参数设置如图 4-103 所示，阴影模式色彩为 f7f140，等高线参数设置如图 4-104 所示，光泽参数设置如图 4-105 所示，混合模式色彩 a4a60c。

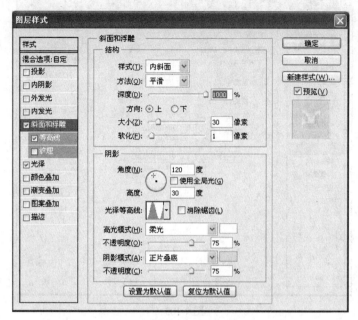

图 4-103

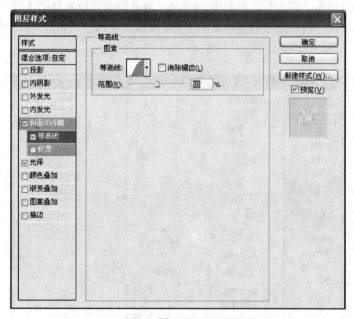

图 4-104

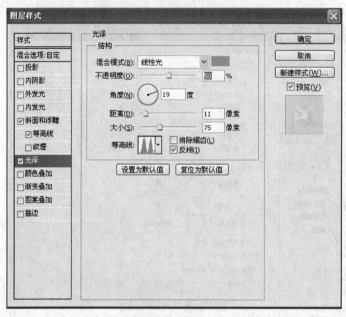

图 4-105

5. 选择文字副本 2 图层，对图层添加"斜面浮雕"、"等高线"、"内发光"、"内阴影"样式，参数设置如图 4-106 所示，高光模式色彩为 c4bbbb，等高线参数设置如图 4-107 所示，内发光参数设置如图 4-108 所示，内阴影参数设置如图 4-109 所示，最终效果如图 4-110 所示。

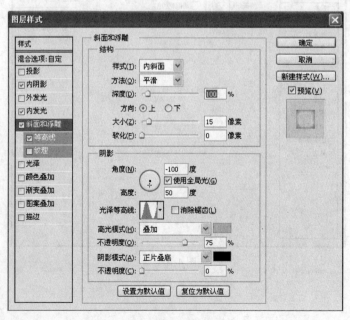

图 4-106

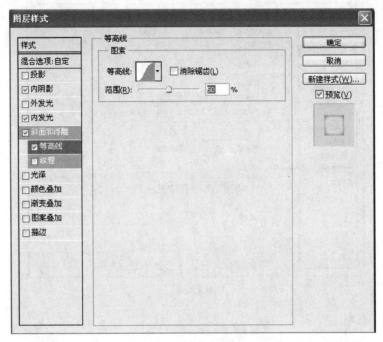

图 4-107

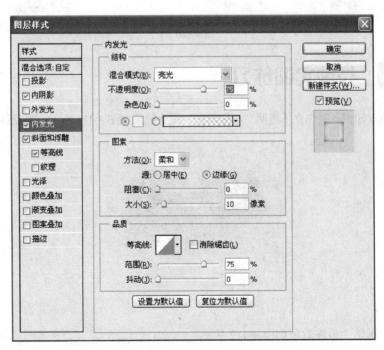

图 4-108

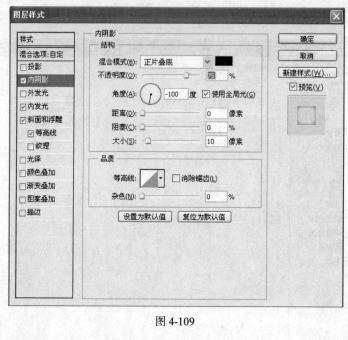

图 4-109

图 4-110

4.8 技能实训练习

一、应用所学知识，制作立体透明"心"形图，最终效果如图 4-111 所示，参见课堂案例四。

图 4-111

二、制作中国结，最终效果如图 4-112 所示。

要点提示：

1. 使用选区工具绘制图形；

2. 填充色彩；

3. 调整图层顺序。

图 4-112

三、进行艺术字设计，最终效果如图 4-113 所示。

要点提示：

1. 背景使用渐变工具填充；

2. 输入文字；

3. 对文字层应用图层样式（斜面浮雕、等高线、纹理、外发光、光泽、颜色叠加等）。

图 4-113

四、搜集图片素材，应用所学知识，参照图 4-114 样式，自行设计一款手机海报。

图 4-114

技巧点拨

1. 如果你只想要显示某个图层，只需要按下 Alt 键单击该图层的指示图层可视性图标 即可将其他图层隐藏，再次按下则显示所有图层。

2. 按下 Alt 键单击"图层"调板底部的"删除图层 "图标，则能够在不弹出任何确认提示的情况下删除图层。

3. 选中"移动"工具时，按下 Ctrl 键单击或拖动就能够自动选择或移动鼠标指针下最上方的图层。

4. 按下 Alt 键后双击一个"图层"调板中的图层名称，则能够对图层进行重命名。

5. 按下 Ctrl 键后再单击"图层"调板底部的"创建新图层 "或"创建新组 "按钮，就能够让新的图层或组插入到当前图层或组的下方。

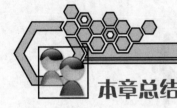

本章总结

本章介绍了图层的基本操作、图层样式、图层的混合模式以及图层蒙版等设计中经常使用的操作方法，熟练掌握这些方法可快速的制作一些特殊的图像效果，应用图层也可方便地选取图像、合成图像等。

第5章
路径和形状的绘制

　　Photoshop 主要是用来处理位图图像的，但也提供了图形软件中绘制几何图形的功能。路径在 photoshop 中占据着非常重要的地位，不仅可以用于绘制图形，更为重要的是能够转换成为选区。Photoshop 工具箱中的选择工具虽然使用起来很方便，但是在建立选区方面还是有很大的局限性，而使用路径工具，则可以随心所欲地制作精密的选区，而且可以绘制出形状复杂的图像。路径工具功能十分强大，在使用时注意灵活运用。

　　绘制路径主要是学习用钢笔工具的使用。钢笔工具除了绘制几何形状外，更多的是用来选择图像中的物体，即将物体的轮廓用钢笔工具勾划出来后转换成选区，几何形状就是矢量图形，与分辨率无关，放大或者缩小都不会影响边缘的平滑程度。我们通常所说的绘图是指使用钢笔工具或形状工具绘制几何形状的过程。本章将讲解如何绘制路径、几何图形及编辑路径和矢量图形的方法。

　　技能目标：
- 了解路径的功能
- 掌握路径的应用方法
- 掌握路径的使用技巧
- 能够用路径工具绘制出图形
- 能够绘制几何形状图形

　　相关知识：
- 路径的概念
- 路径的基本组成元素
- 路径工具的使用
- 路径控制面板
- 路径的编辑
- 绘制几何形状

5.1 路径的概念

Photoshop 中的路径指的是在图像中使用钢笔工具或形状工具创建的线段或曲线。路径多用于绘制矢量图形或对图像的某个区域进行精确抠图。路径不能够打印输出，只能存放于"路径"调板中。

5.2 路径的基本组成元素

路径是由一个或多个路径组件（由直线段或者曲线段连接起来的一个或多个锚点的集合）组成的，锚点是用来标记路径段的端点。

路径的基本组成元素包括曲线段、锚点、方向线和方向点等，如图 5-1 所示。

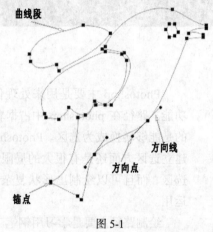

1. 曲线段：由一个或者两个锚点确定的一段路径曲线。

2. 锚点：路径上的控制点。每个锚点上都有一个或者两个方向线，方向线的末端是方向点。移动锚点的位置可以改变曲线的大小和形状。

3. 方向线：在曲线线段上，每个锚点都带有 1~2 个方向线，延长或者缩短方向线可以改变曲线段的曲度。

4. 方向点：用于标记方向线的结束端，移动方向点可以改变曲线段的角度和形状。

图 5-1

5.3 路径工具的使用

Photoshop 中的路径工具包括以下 3 类。

路径创建工具：包括钢笔工具 ✎ 和自由钢笔工 ✎ 。

路径编辑工具：包括添加锚点工具 ✎ 、删除锚点工具 ✎ 和转换点工具 ⌐ 。

路径选择工具：包括路径选择工具 ▶ 和直接选择工具 ▶ 。

5.3.1 钢笔工具

钢笔工具主要用来勾画路径，使用钢笔工具可以创建或编辑直线、曲线或自由的线条及形状，这种图形被称为路径。路径是一种特殊的矢量图形，它可以存储选取范围并转为选区，也可以绘制各种复杂的图形。

钢笔工具的使用方法非常简单。在图像窗口中选择一点单击，移动到下一点再单击，就会创建直线路径；在下一点拖曳鼠标会创建曲线路径，按 Enter 键绘制的路径会形成不封闭的路径；在绘制路径的过程中，当绘制线段回到起始点的时候，鼠标指针会变成小圆圈，此时表示终点已经连接起始点，单击可以成一个封闭路径制作。

在属性栏上有 3 个选项；形状图层、路径、填充像素，如图 5-2 所示。

图 5-2

形状图层是以图层作为颜色板，钢笔勾画的形状作为矢量蒙版来显示颜色，当改变矢量蒙版的形状时，图像中显示的颜色区域也随之改变，但改变的只是形状，颜色图层并没有改变。路径是以钢笔工具勾画的形状存在的一种矢量图形，可以改变形状，转换成选区。

在 Photoshop CS5 中填充像素可以认为是使用选区工具绘制选区后，再以前景色填充的效果。如果不新建图层，那么使用填充像素填充的区域会直接出现在当前图层中，此时是不能被单独编辑的，填充像素不会自动生成新图层。

使用钢笔工具可以创建直线路径和曲线路径。

1. 创建直线线段

要创建直线线段路径，只要使用钢笔工具在图像窗口中适当位置处单击鼠标创建直线路径的起点，移动鼠标指针至另一位置处单击即可。线段路径没有方向点和方向线，如图 5-3 所示。

2. 创建曲线

在窗口中单击鼠标左键创建路径的开始点，即第 1 个锚点，按住鼠标左键并拖动该锚点，会产生一条方向线，后将鼠标移到另一位置后单击并拖动，创建路径的终点即第 2 个锚点，释放鼠标，在开始点与终点间即可创建一条曲线路径，如图 5-4 所示。

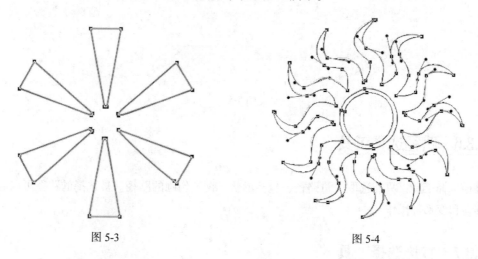

图 5-3   图 5-4

5.3.2 自由钢笔工具

用自由钢笔工具绘制路径时，就像使用画笔工具进行绘制一样，非常自由，只需在图像窗口适当位置处按下鼠标左键不放并拖动鼠标，即可创建所需要的路径。

5.3.3 添加锚点工具

用于对创建好的路径添加锚点。在已经建好的路径上单击一次可以增加一个锚点，当已经创建的路径在某个位置需要细化修改时，添加一个锚点后可以使曲线的弧度更加容易控制。使用时注意不要移动到路径的某个锚点上，这样反而会删除某个锚点。

5.3.4　删除锚点工具

与添加锚点工具类似，它用于删除路径中不需要的锚点，移动鼠标指针到图像路径的锚点上单击即可。

5.3.5　转换点工具

利用转换点工具可以在直线锚点和曲线锚点之间相互转换。还可以调整曲线的方向，拖动其控制手柄可改变路径的形状，如图 5-5 所示。

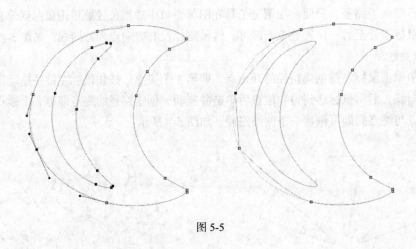

图 5-5

5.3.6　路径选择工具

路径选择工具：只能选取矢量路径，包括形状、钢笔勾画的路径。被选择的路径可以进行复制、移动和变形等操作。

5.3.7　直接选择工具

直接选择工具：可以选取单个锚点，并可以对其进行操作，如移动、变形等，按住 Alt 键也可以复制整个路径或形状。

5.4　路径控制面板

在菜单"窗口" / "路径"可以调出路径面板，或按键盘上 F7 键也可以调出路径面板，如图 5-6 所示。

在路径面板中提供了对路径编辑的各种工具。

路径控制面板中各部分作用如下。

图 5-6

（1）路径缩览图：用于显示该路径的预览图，用户可以从中观察到路径的大致形状。

（2）当前路径：面板中以蓝色条显示的路径为当前工作路径，用户所作的操作都是针对当前路径的。

（3）路径名称：显示了该路径的名称，用户可以修改或给路径命名。

（4）"用前景色填充路径"按钮 ⚪：单击该按钮，可以将路径内填充前景色。

（5）"用画笔描边路径"按钮 ⚪：单击该按钮，将使用画笔工具和当前前景色为当前路径描边，用户也可选择用其他绘图工具进行描边。

（6）"将路径转为选区"按钮 ⚪：单击该按钮，可以将当前路径转换成选区。

（7）"将选区转为路径"按钮 ⚪：单击该按钮，可以将当前选区转换成路径。

（8）"创建新路径"按钮 🔲：单击该按钮，将自动建立一个新路径。

（9）"删除路径"按钮 🗑：单击该按钮，将自动删除当前路径。

5.5　路径的编辑

1．路径的复制

在路径面板上复制路径：将要复制的路径拖动到面板底部的"创建新路径"按钮上释放鼠标即可。

在原路径层复制路径：用路径选择工具选择要复制的路径，按 Alt 键的同时拖动鼠标左键。

2．路径的删除

在路径控制面板中选中需要删除的路径，然后单击路径控制面板中的按钮，在打开的提示对话框中单击删除按钮即可。也可以用鼠标将要删除的路径直接拖动到删除按钮上，再释放鼠标即可。

3．路径的重命名

在路径控制面板中双击要重命名的路径栏，这时原路径名将反白显示，然后再输入路径的新名称后单击任意一点即可。

5.6　绘制几何形状

在 Photoshop CS5 工具箱中，几何形状通过自定形状工具来创建。形状工具是一种很有用的路径工具，用它可以轻松地绘制出各种常见的形状及其路径。

在工具箱中可快速绘制出不同的形状工具，它们是矩形工具、圆角矩形工具、椭圆工具、多边形工具、直线工具和自定形状工具，如图 5-7 所示。

形状工具的属性选项栏中提供了 3 种绘图类型，从左到右分别是"形状图层"、"路径"和"填充像素"，如图 5-8 所示。

如果在工具选项栏上选择形状图层按钮🔲，再使用形状工具进行绘制操作，将创建一个形状图层。

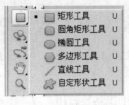

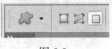

图 5-7   图 5-8

如果在工具选项栏上选择工作路径 🔲，再使用形状工具进行绘制，将创建一条路径，工作路径是一临时路径，不是图像的一部分，主要用于定义形状的轮廓。

如果在工具选项栏上选择填充像素按钮 🔲，再使用形状工具进行绘制，将在当前图层中创建一个填充前景色的图像。

5.6.1 绘制矩形与绘制椭圆

在工具箱中选择矩形形状工具，并在选项栏中单击向下的箭头会弹出其相应的选项调板，如图 5-9 所示，用来对工具进行各种设定。设定完成后再次单击此三角可将弹出的调板关闭。其中各项的含义如下。

图 5-9

不受限制：可绘制任意尺寸的矩形。

方形：将矩形或圆角矩形约束为正方形。

固定大小：当选中矩形、圆角矩形、椭圆或自定形状工具并选择此选项后，按 W 与 H 编辑框中所设置的长宽数值绘制矩形。在图像中形状就会完全符合选项调板中的设定。

比例：当选中矩形、圆角矩形、椭圆或自定形状工具并选择此选项后，就可按固定比例绘制图像，拖拉产生的形状就会完全符合选项调板中的长宽比例。

从中心：选中此选项后，当绘制矩形、圆角矩形、椭圆或自定形状时，就会从中心点开始绘制。

对齐像素：选择此选项后，可将矩形或圆角矩形的边缘自动对齐像素边界。

椭圆工具的各项与矩形选项相同。设置好后就可以在图像中绘制。

选项栏中其他各项的含义如下。

样式：单击样式右边向下的箭头，可以从弹出的"样式"拾色器中为当前形状图层添加样式，如图 5-10 所示，从而使形状显示各种特殊效果，并将所选样式应用到绘制的图形中。

创建新的形状图层：选择此选项，表示用户的每次操作都将创建一个新的形状图层，如图 5-11 所示。

图 5-10

图 5-11

添加到形状区域：将新创建的形状添加到当前的路径或图形中去。

从形状区域减去：将从新建路径或图形中去掉与原有的路径或图形的交集。

交叉形状区域：将选择新创建的路径或形状与原有的路径或图形的交集。

重叠区域除外：该项的功能与上述交叉形状区域相反，将新建图像或路径与原有路径或图形的交集去掉，取两者共同剩下的部分。

5.6.2　绘制圆角矩形

圆角矩形工具的使用方法与矩形工具基本相同，只是在其选项栏中多了一个半径文本框，用于设置圆角矩形圆角半径大小，它的值越大，则所绘制的矩形 4 个角弧度越大。图 5-12 是 3 个不同半径值的圆角矩形图形。

图 5-12

5.6.3　绘制多边形

使用多边形工具可以绘制等边多边形，如等边三角形，五边形、六边形等。在选项栏的"边"文本框中输入不同的数据，可得到相应的多边形。绘制多边形与绘制矩形和椭圆有所区别。用户可以设置多边形工具的选项，如图 5-13 所示，得到更多的多边形效果。

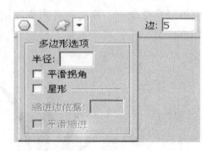

图 5-13

半径：用于指定多边形中心与外部边缘之间的距离。

平滑拐角：用于设置是否将用圆角代替原来突出的尖角。

缩进边依据：可控制多边形内角的凹陷程度。

平滑缩进：选中此项后，将用圆角代替原来缩进的尖角。

图 5-14 是边数为 5 时，选中不同的选项所得到的图形。

图 5-14

5.6.4　绘制直线

使用直线工具可以画直线或箭头，在选项栏的"粗细"文本框中可输入数值来设定直线的宽度如图 5-15 所示，其他各项的含义如下。

起点：可在起点位置绘制出箭头。

终点：可在终点位置绘制出箭头。若两项都选中，则画出的线两边都带箭头。

宽度：设置箭头宽度。

长度：设置箭头长度。

凹度：设置箭头凹度。图 5-16 是不同设置下画出的图形。

图 5-15

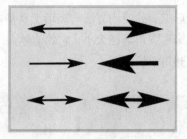

图 5-16

5.6.5　绘制自定义形状

自定义形状工具可以绘制形状多变的图像，系统提供了不同类别的形状图案，包括动物、箭头、艺术纹理、横幅和奖品、胶片、画框等，在使用时单击右侧三角形按钮，将弹出形状调板。也可以选择全部，调出所有图案使用如图 5-18 所示。形状工具绘制各种预设的形状，如草、心形和画框等。在调板中选择一种形状，拖拉鼠标就可以绘制出来如图 5-17 所示。

图 5-17

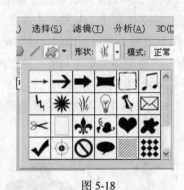

图 5-18

5.6.6　创建自定义形状

如果经常使用某一路径，可以把路径保存为形状。可以选择钢笔工具，用钢笔工具创建所需要的形状的外轮廓路径，如图 5-19 所示，然后将路径全部选中。选择"编辑"/"定义自定形状"命令，在弹出的对话框中输入新形状的名称，然后单击"确定"按钮确认。如图 5-20 所示，选择形状工具，在形状工具列表框里即可看到自定义的形状，如图 5-21 所示。

图 5-19

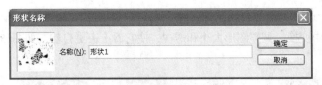

图 5-20

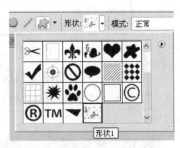

图 5-21

5.7　路径和形状的应用实例

5.7.1　课堂案例一

本实例将利用路径工具做出选区，并使用被选图像与另一张合成图像。先在图中点第一个锚
点，并用鼠标向外拖出一个单手柄，定义下一个锚点，
两锚点间的曲线就是被定义的路径。如果路径没有和
物体边缘相贴合，可以按住 Ctrl 键同时用鼠标调整手
柄，直到路径与被选物体的边缘贴合。如果两个锚点
间的路径是直线，就可不拖曳手柄，直接点下一个锚
点即可。具体操作步骤如下。

1. 打开"第 5 章"/"素材"中的图像"表"和
"合成图像"，如图 5-22 和图 5-23 所示。

2. 在工具箱里选择钢笔工具，在怀表的边缘上定

图 5-22

义一个锚点，可以将被选物整个勾画出来，最后一个锚点要和第一个锚点首尾相接，形成一个闭
合的路径，如图 5-24 所示。

3. 在"路径"面板中找到这条"工作路径"，双击并命名它为"路径 1"，按住 Ctrl 键单击面
板中的"路径 1"就可以将路径转为选区，如图 5-25 和图 5-26 所示。

图 5-23   图 5-24

图 5-25   图 5-26

4. 按 "Ctrl+C" 快捷键复制这个选区，激活合成图像，将怀表粘贴到上方，如图 5-27 所示。

5. 按 "Ctrl+T" 快捷键键执行自由变换，调整图形大小和透视，使它看上去更自然，如图 5-28 所示。

图 5-27   图 5-28

6. 可以调整图层混合模式，适当调整透明度，效果如图 5-29 所示。

图 5-29

5.7.2 课堂案例二

本实例将制作一张个人名片，利用钢笔工具、渐变工具、文字工具、减淡工具、画笔工具等以及图层样式、路径描边等技术手段来完成画面效果。

最终效果如图 5-30 所示。

图 5-30

操作步骤如下。

1. 新建一个文件，参数如图 5-31 所示。

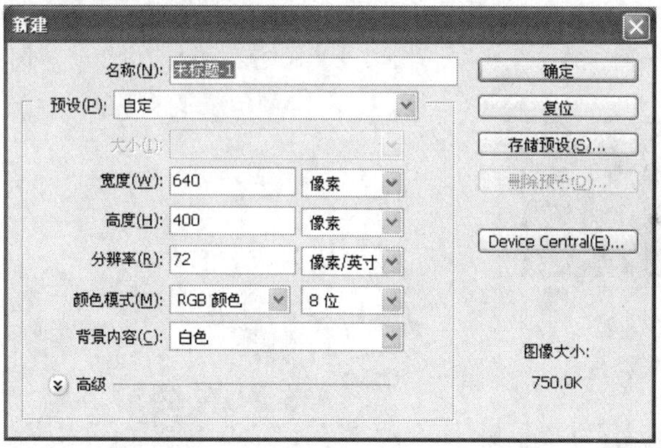

图 5-31

2. 将画布填充从前景色 RGB 为（R:186，G:182，B:186）到背景色为白色的线性渐变，如图 5-32 所示。

图 5-32

3. 新建图层 1，用钢笔工具勾画一个盒子的大概形状，如图 5-33 所示。

4. 在路径面板里选择"将路径作为选区载入"命令，然后再在通道面板中选择将选区储存为通道，如图 5-34、图 5-35 所示，按 Alt+Delete 快捷键填充 RGB 为（R:42，G:126，B:123）的前景色，如图 5-36 所示。

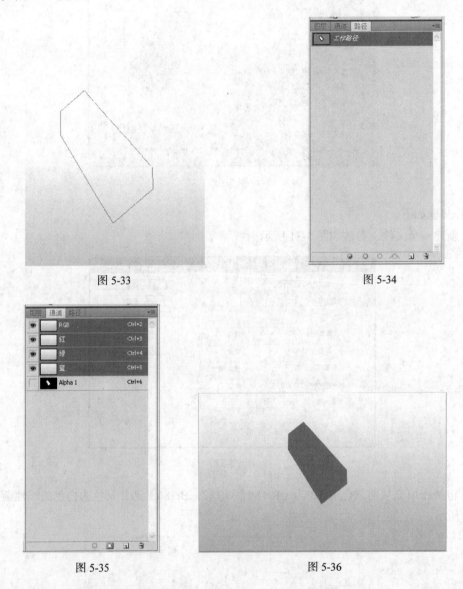

图 5-33   图 5-34

图 5-35   图 5-36

5. 用多边形套索选择选择工具选择盒子的上部，然后执行菜单"图像"/"调整"/"亮度"/"对比度"，参数如图 5-37 所示，接着在通道储存选区，然后按 CTRL+D 快捷键取消选区。

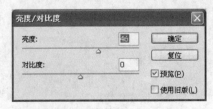

图 5-37

114

6. 新建一个图层 2，把前景色设置 RGB 为（R:123，G:197，B:194），使用直线工具，粗细为 2 像素，沿着盒子的边缘画出三条线，然后用减淡工具点出高光，如图 5-39 所示接着双击该图层，添加图层样式"外发光"，参数如图 5-40 所示。

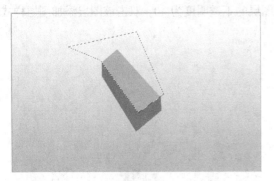

图 5-38

图 5-39

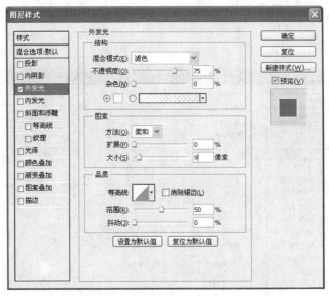

图 5-40

7. 用钢笔工具勾画如图 5-41 所示的路径，把路径变成选区后，执行菜单"图像"/"调整"/"亮度"/"对比度"，参数如图 5-42 所示，完成后按 CTRL+D 快捷键取消选择。

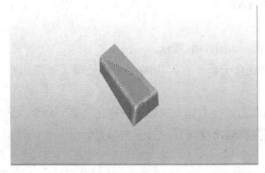

图 5-41

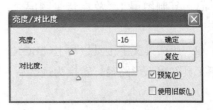

图 5-42

8. 按照上步骤相同的方法再做一个反光，然后用减淡工具把盒子的泛光区调亮出来。效果如图 5-43 所示。

9. 新建图层 3，把前景色设置 RGB 为（R:123，G:197，B:194），选择使用直线工具，粗细为 2 像素，在盒子的内部画出三条透视线，调节图层的不透明度为 40，双击该图层添加图层样式"外发光"，参数如图 5-45 所示。

图 5-43   图 5-44

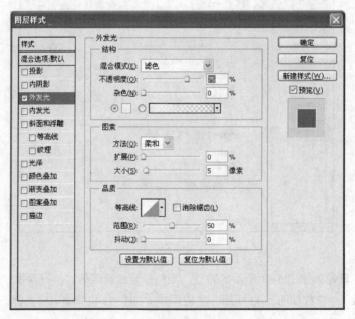

图 5-45

10. 新建一个图层 4，用画笔工具点出亮光，如图 5-46 所示。

11. 复制图层 1。放在背景图层之上，做成盒子影子，再用减淡工具处理，效果如图 5-47 所示。

12. 用横排文字工具，写上"BOX"然后单击鼠标右键，选择"栅格化文字"命令，然后用钢笔工具勾出弧形路径，转换为选区后，使用亮度对比度调节，如图 5-48 所示。

图 5-46

图 5-47

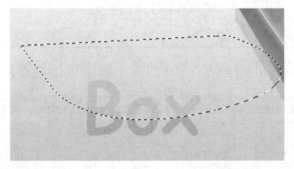

图 5-48

13. 选中字体图层，为其添加图层样式，参数如图 5-49、图 5-50 和图 5-51 所示。

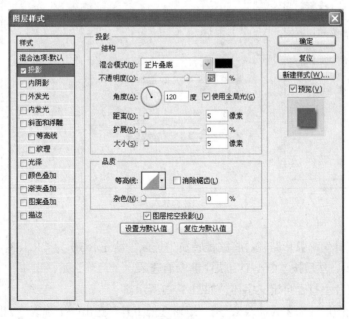

图 5-49

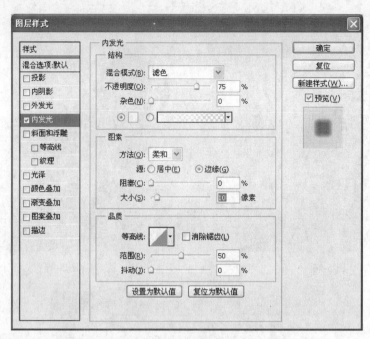

图 5-50

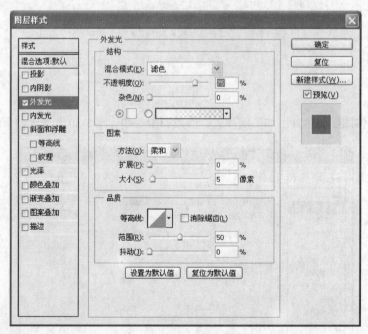

图 5-51

14. 用钢笔工具勾画弧形路径，将路径转换为选区，填充 RGB 为（R:183，G:188，B:188），效果如图 5-52 所示，然后按"Ctrl+D"快捷键取消选区。

15. 在个人名片上打上自定义字体，如图 5-53 所示。

16. 新建一个图层，命名为"线"，用"矩形选框工具"选出一个选区，如图 5-54 所示。

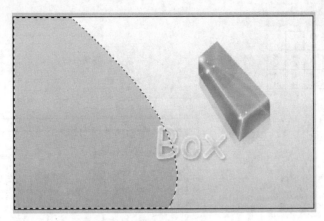

图 5-52

图 5-53

图 5-54

　　17. 将前景色设置 RGB 为（R:13，G:58，B:3），选择画笔工具，画笔预设设置大小为 9 像素，在路径面板中选择从选区生成工作路径，再选择描边路径。具体设置如图 5-55 所示，效果如图 5-56 所示。

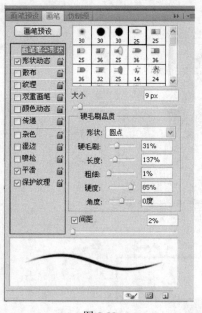

图 5-55   图 5-56

18. 在线图层上再新建一个图层，命名为"点"，选择画笔工具，画笔预设参数如图 5-57 所示。

19. 单击描边路径后按住 Ctrl 键单击"点"图层，载入该层选区，效果如图 5-58 所示。

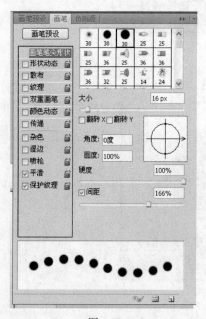

图 5-57   图 5-58

20. 选择"线"图层，按 Delete 键清除选区中的线，再删除"点"图层，按 Ctrl+D 快捷键取消选区。制作完成，最终效果如图 5-59 所示。

图 5-59

5.7.3　课堂案例三

本实例将制作一个心形边缘效果图案。在自定义形状工具的列表中，Photoshop 预置了很多形状，我们只要在路径状态下绘制，并将绘制的图案定义为画笔，用新画笔描边绘制出路径即可。

最终效果如图 5-60 所示。

图 5-60

操作步骤如下。

1．按"CTRL+N"快捷键新建一个画布，参数如图 5-61 所示。

2．前景色的 RGB 为（R:233，G:241，B:196），按"ALT+Delete"快捷键填充前景色。

3．单击"图层"调板下端的"创建新的图层"按钮新建图层 2，选择工具箱中的自定形状工具，在属性栏上单击"形状"后面的下拉箭头，在弹出的窗口中选择"红桃"形状，如图 5-62 所示。

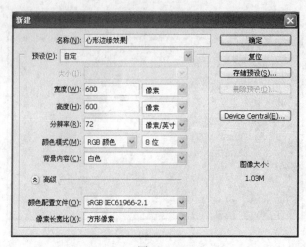

图 5-61

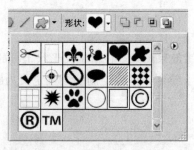

图 5-62

4. 在属性栏中将"路径"按钮按下，如图 5-63 所示。

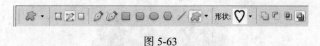

图 5-63

5. 按"Ctrl+R"快捷键调出标尺。执行"编辑"/"首选项"/"单位与标尺"命令，在弹出的对话框中设置"标尺"为"像素"，单击"确定"按钮应用，如图 5-64 所示。此时在图像编辑区所显示的标尺就会以像素为单位。

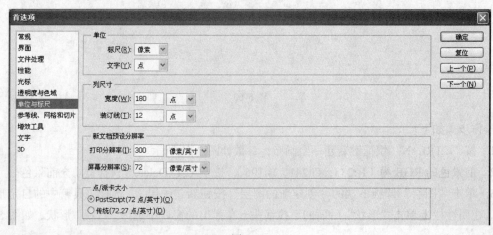

图 5-64

6. 从左边的标尺中拖出一条纵向参考线置于图像编辑区正中，从上边的标尺中拖出一条横向参考线置于图像编辑区正中，如图所 5-65 所示。

7. 按住 "Shift+Alt" 快捷键（则可从中心处绘制），将指针从参考线的交叉点处开始向外拖动，在图像编辑区绘制一个合适大小心形路径，如图 5-66 所示。

图 5-65

图 5-66

8. 激活 "路径" 调板。单击其上的 "工作路径"，如图 5-67 所示，在弹出的 "存储路径" 对话框上单击 "确定" 按钮存储路径，如图 5-68 所示。

图 5-67

图 5-68

9. 打开 "第五章/素材/心形边缘效果" 中的 "玫瑰" 图片。用矩形选框工具框选其中部分图像，如图 5-69 所示。

图 5-69

10. 执行"编辑"/"定义图案"命令，在弹出的对话框中输入图案名称，单击"确定"按钮，如图 5-70 所示。

11. 将"心形边缘效果"文件激活，选择工具箱中的图案图章工具，在属性栏上单击"图案"右边的下拉箭头，在弹出的窗口中选择刚才定义的"图案 1"图案，如图 5-71 所示。

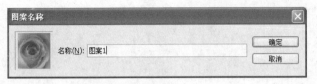

图 5-70   图 5-71

12. 单击属性栏右边的"画笔"命令，在弹出的"画笔预设"窗口中激活"画笔笔尖形状"命令，选择光滑边缘的笔形，其余参数设置如图 5-72 所示。去掉"形状动态"等各项的勾选，只将"平滑"一项勾选，如图 5-72 所示。在空白区单击，隐藏"画笔预设"窗口。

13. 单击"路径"调板下端的"用画笔描边路径"按钮给路径描边，如图 5-73 所示。

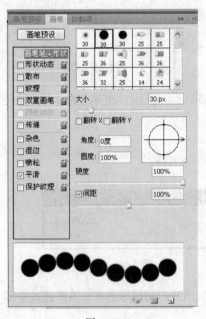

图 5-72   图 5-73

14. 单击"路径"调板下端的"将路径作为选区载入"按钮，将路径转换为选区，如图 5-74 所示。

15. 打开"第五章/素材/心形边缘效果"中的"人物"素材。用矩形选框工具框选，如图 5-75 所示，按 Ctrl+C 快捷键复制在剪贴板上。

16. 激活"心形边缘效果"文件，按 Ctrl+shift+V 快捷键将剪贴板上的图像"粘贴入"选区中。

图 5-74

17. 按 Ctrl+T 快捷键对选区中的图像进行变换。将指针放在自由变换控制框角点外旋转图像到合适的位置，如图 5-76 所示。

图 5-75

图 5-76

18. 按 Enter 键应用自由变换。

19. 在"图层"调板中将女孩所在的图层拖到心形图像的图层之下，如图 5-77 所示。

20. 在"图层"调板中新建"图层 4"拖放在"图层 1"上，如图 5-78 所示。

图 5-77

图 5-78

21. 在"路径"调板中将"路径 1"拖到下端的"创建新路径"按钮上，复制"路径 1"得到"路径 1 副本"，如图 5-79 所示。

22. 按 Ctrl+T 快捷键对路径执行自由变换。按住 Shift+Alt 快捷键（可从中心处缩放），将指针放在自由变换框的角点上向外拖动指针使路径增大。按 Enter 键应用自由变换。此时显示在图像编辑区的路径如图 5-80 所示。

图 5-79

23. 单击"路径"调板右上端箭头向右的按钮弹出下拉菜单，在弹出的下拉菜单中选择"填充路径"选项，则会弹出"填充路径"对话框。选择填充"内容"为"白色"，"羽化半径"为 20 像素，如图 5-81 所示。单击"确定"按钮填充路径。

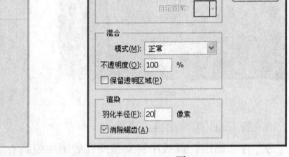

图 5-80   图 5-81

24. 在"路径"调板中的空白区单击取消路径的显示，效果如图 5-82 所示。
25. 复制"路径 1"得到"路径 1 副本 2"，如图 5-83 所示。

图 5-82   图 5-83

26. 按 Ctrl+T 快捷键对路径执行自由变换。按住 Shift+Alt 快捷键，将指针放在自由变换框的角点上向外拖动指针使路径增大。按 Enter 键应用自由变换，则显示在图像编辑区的路径如图 5-84 所示。
27. 选择工具箱中的横排文字工具，在属性栏中设置字体和字号如图 5-85 所示。

图 5-84

图 5-85

28．用指针在路径上单击，则会显示垂直于路径的指针。将前景色置为白色，在图像编辑区输入你想要的文字。

29．在"路径"调板中单击空白区域取消路径的显示，按 Ctrl+R 快捷键隐藏标尺，按 Ctrl+H 快捷键隐藏参考线，最终效果如图 5-86 所示。

图 5-86

5.7.4　课堂案例四

本实例将制作一个电子产品——诺基亚手机效果图。案例主要运用钢笔工具、画笔工具、渐变工具以及图层样式、滤镜来完成画面效果。大致过程：先完成手机面部图层效果，再合成背景，最后添加相应文字信息，完成最后效果。最终效果如图 5-87 所示。

图 5-87

1. 启动 Photoshop CS5，选择"文件"/"新建"命令或按 Ctrl+N 快捷键，打开"新建"对话框。设置宽度为"1056 像素"，高度为"1082 像素"，分辨率为"72 像素/英寸"，颜色模式为"RGB 颜色"，名称"诺基亚手机"。

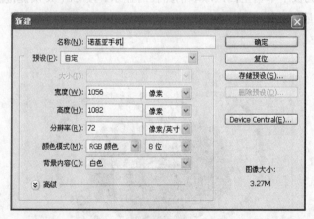

图 5-88

2. 用路径用具勾选出诺基亚手机的外边框，命名为"路径 1"，如图 5-89 所示。

3. 选择路径 1，将路径转换为选区，在选区里面填充 RGB 为（R:194，G:190，B:181），如图 5-90 所示。

4. 选择路径 1，单击将路径转换为选区，使用"选择"/"修改"/"收缩"命令，收缩 25 像素，如图 5-91 所示，收缩后，按 delete 键删除选取里面的图像，效果如图 5-92 所示。

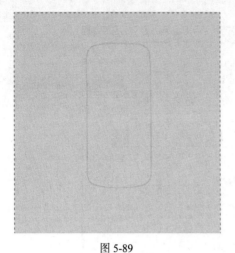

图 5-89

图 5-90

图 5-91

图 5-92

5. 选择图层右击"混合选项",更改图层样式参数,如图 5-93、图 5-94 和图 5-95 所示。

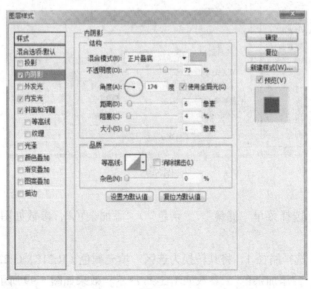

图 5-93

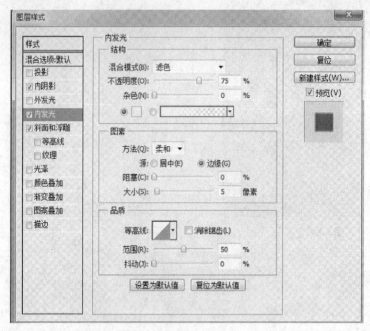

图 5-94

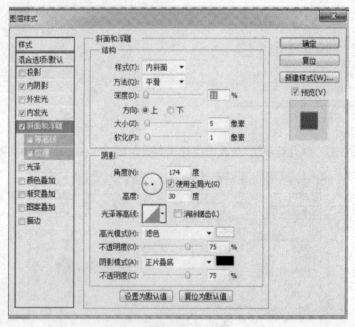

图 5-95

6. 选中图层 1，选择菜单"滤镜"/"杂色"/"添加杂色"，参数如图 5-96 所示，效果如图 5-97 所示。

7. 新建图层 2，选择路径 1，将其转换为选区，填充颜色（R:218，G:227，B:228），选择菜单"滤镜"/"杂色"/"添加杂色"，参数如图 5-98 所示，效果如图 5-99 所示。

图 5-96

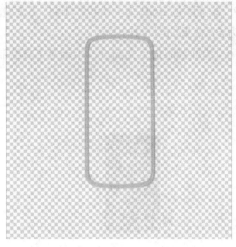

图 5-97

图 5-98

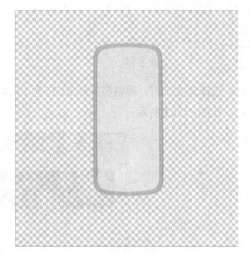

图 5-99

8. 新建图层 3，用钢笔工具勾出路径，如图 5-100 所示。

图 5-100

9. 添充颜色 RGB 为（R:49，G:44，B:52），选择菜单"滤镜"/"杂色"/"添加杂色"，杂色数量为 5，效果如图 5-101 所示。

10. 为屏幕添加反光部分，用钢笔工具绘制路径并转换为选区，如图 5-102 所示。

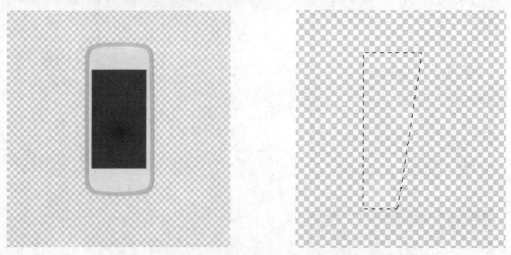

图 5-101   图 5-102

11. 选择渐变工具，调整前景色 RGB 为（R:49，G:44，B:52），背景色 RGB 为（R:255，G:255，B:255），如图 5-103 所示。

图 5-103

12. 选择图层 3，将图层不透明度改为"12"，如图 5-104 所示。

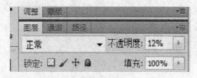

图 5-104

13. 用文字工具在手机左上角输入文字"NOKIA",字样如图 5-105 所示。

图 5-105

14. 在手机右上角用铅笔工具画出标志图案,如图 5-106 所示。

图 5-106

15. 用圆角矩形工具绘制前摄像头形状,圆角半径 40 像素,前景色 RGB 为(R:69,G:72,B:77),执行菜单"选择"/"修改"/"收缩",收缩 4 像素,再添加杂色数量为 4,如图 5-107、图 5-108 所示。

图 5-107

图 5-108

16. 圆角矩形工具和画笔工具画出手机的按钮部分,效果如图 5-109 所示。

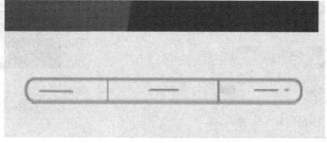

图 5-109

17. 在手机上方画出图案，填充颜色（R:41，G:40，B:50）并添加杂色，数量为 4，如图 5-110 所示。

图 5-110

18. 调整图层图像位置，合并所有图层，如图 5-111 所示。

19. 添加图层样式"投影"和"斜面和浮雕"，参数如图 5-112、图 5-113 所示。设置后效果如图 5-114 所示。

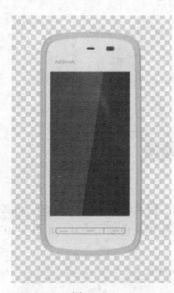

图 5-111

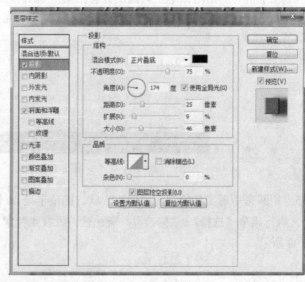

图 5-112

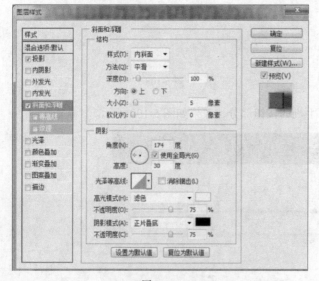

图 5-113

图 5-114

20. 导入"第五章/素材/诺基亚手机"中的"背景"图片为其添加背景，如图 5-115 所示。
21. 复制手机图层，最终效果如图 5-116 所示。

图 5-115

图 5-116

5.7.5　课堂案例五

本实例将制作一个电子产品——单反相机效果图，本案例主要运用钢笔工具、画笔工具、渐变工具以及加深减淡工具来完成画面效果。大致过程为先用钢笔工具、渐变工具及加深减淡工具完成相机面部主体效果，添加相应文字信息，最后再合成背景。完整最后效果如图 5-117 所示。

图 5-117

1. 选择"文件"/"新建"命令或按 Ctrl+N 快捷键，打开"新建"对话框。设置宽度为"1200 像素"，高度为"1000 像素"，分辨率为"72 像素/英寸"，颜色模式为"RGB 颜色"，名称"鼠绘单反相机"，如图 5-118 所示。

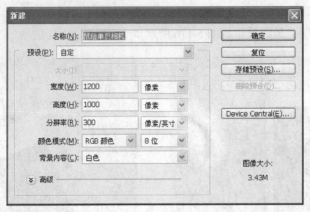

图 5-118

2. 新建图层 1，使用钢笔工具，绘制相机主体路径，如图 5-119 所示。

3. 将路径转换为选区，按 Alt+delete 快捷键填充黑色，如图 5-120 所示。

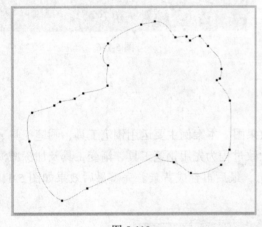

图 5-119

图 5-120

4. 新建图层 2，使用钢笔工具绘制镜头的高光镜片区域，将路径转换为选区，如图 5-121 所示。

5. 填充镜片为灰色，RGB 为（R:102，G:102，B:102），利用加深减淡工具对高光镜片周边进行涂抹，使其更具玻璃质感，如图 5-122 所示。

图 5-121

图 5-122

6. 新建图层 3，使用钢笔工具对镜头塑料边缘进行勾边，转换为选区，填充灰色，RGB 为（R:107，G:130，B:138），使用模糊工具进行模糊涂抹。效果如图 5-123、图 5-124 所示。

图 5-123

图 5-124

7. 使用文字工具输入文字 "CANON 200M LENS"，如图 5-125 所示。

图 5-125

8. 单击鼠标右键，选择 "栅格化文字" 命令，对其进行自由变形，使其符合镜头曲线弧度。效果如图 5-126 所示。

图 5-126

137

9. 使用画笔工具配合钢笔工具对高光边缘进行涂抹，再用海棉工具涂抹，如图 5-127 所示。

10. 高光边缘处理后。新建图层 4，使用钢笔工具做一条弧线，路径描边为红色，再用钢笔工具绘制长条矩形，使其拥有一定弧度，如图 5-128 所示。

图 5-127 图 5-128

11. 选择渐变工具，设计金属渐变颜色进行填充，从左至右 RGB1 为（R:12，G:12，B:12）、RGB2 为（R:28，G:28，B:28）、RGB3 为（R:178，G:178，B:178）、RGB4 为（R:12，G:12，B:12）、RGB5 为（R:12，G:12，B:12）、RGB6 为（R:12，G:12，B:12）、RGB7 为（R:128，G:128，B:128）、RGB8 为（R:178，G:178，B:178），渐变参数如图 5-129 所示，区域如图 5-130 所示。

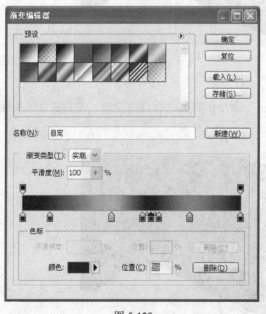

图 5-129 图 5-130

12. 复制图层 4，将金属渐变带移动，效果如图 5-131 所示。

图 5-131

13. 金属渐变填充后，使用橡皮擦工具，对边缘进行简单图擦拭，让边缘虚化，与背景融合在一块。使用钢笔工具绘制多边形，如图 5-132 所示。

图 5-132

14. 使用钢笔工具绘制多边形并填充灰色，RGB 为（R:51，G:51，B:51），选择椭圆选取工具绘制椭圆选区，如图 5-133 所示。

图 5-133

15. 绘制红色和绿色指示灯，并复制。效果如图 5-134 和图 5-135 所示。

图 5-134

图 5-135

16. 将前景色为白色，使用铅笔工具，大小为 3 像素，按住 Shift 键画折线，如图 5-136 所示。

图 5-136

17. 选择钢笔工具，绘制如图 5-137 所示形状。

图 5-137

18. 填充灰色，RGB 为（R:102，G:102，B:102），并使用加深减淡工具进行细节涂抹，效果如图 5-138 所示。

图 5-138

19. 选择钢笔工具，绘制如图 5-139 所示形状，填充灰色，RGB 为（R:102，G:102，B:102），并使用加深减淡工具进行细节涂抹，涂抹出零件的外形效果如图 5-140 所示。

图 5-139

20. 选择钢笔工具绘制按钮部分，如图 5-141 所示。

图 5-140

图 5-141

21. 填充灰色，RGB1 为（R:145，G:145，B:145）、RGB2 为（R:156，G:156，B:156）、RGB3 为（R:122，G:122，B:122），并使用加深减淡工具进行细节涂抹，如图 5-142 所示。

图 5-142

22. 使用画笔工具涂抹细微高光处，注意反光部分刻画，如图 5-143 所示。

图 5-143

23. 选择文字工具输入文字"Canon"，用钢笔工具勾画细节零件如图 5-144 所示。

图 5-144

24. 继续使用钢笔工具勾画细节零件，如图 5-145 所示。

25. 继续使用钢笔工具勾画细节零件，填充深灰色并进行细节涂抹如图 5-146 所示。

图 5-145

图 5-146

26. 继续使用钢笔工具勾画细节零件，注意按钮局部高光，如图 5-147 所示。

27. 绘制目镜位置如图 5-148 所示，添加金属渐变颜色，如图 5-149 所示。

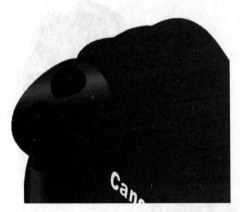

图 5-147

图 5-148

28. 绘制小部件，如图 5-150 所示，为小部件添加金属渐变高光如图 5-151 所示。

图 5-149

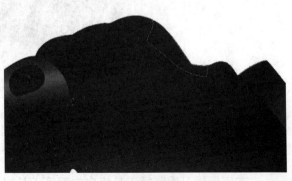

图 5-150

143

29. 选择钢笔工具，绘制控制区各部分零件大体形状，方法同上，如图 5-152 和图 5-153 所示。

图 5-151   图 5-152

30. 细节刻画，使用蒙版工具对多余图层进行遮盖，如图 5-154 所示。

31. 使用模糊工具对生硬的地方进行涂抹过渡，为背景添加灰色渐变，并且对相机主体形状添加投影，如图 5-155 所示。

图 5-153   图 5-154

图 5-155

5.8 技能实训练习

一、本实例练习用路径工具组中的钢笔工具抠图，然后转成选区，填充颜色。最终效果如图 5-157 所示。

要点提示如下。

1. 打开"第 5 章"/"素材"中人物图像，如图 5-156 所示。

图 5-156

图 5-157

2. 在工具箱里选择钢笔工具勾画闭合的路径。

3. 将路径转换为选区。

4. 回到图层面板。

5. 填充颜色

二、本实例将制作一个幻觉塔图，利用钢笔工具、渐变工具以及编辑图形的自由变换，做出变化莫测的塔形图案，最终效果如图 5-158 所示。

要点提示如下。

1. 新建文件。新建图层 1，并填充黑色。

2. 新建图层 2，用钢笔工具在路径状态下绘制三角形。打开"路径"面板，将路径改为选区。

3. 打开"渐变"面板，将颜色调整为黑、灰、亮黄的渐变。用"线性渐变"填充选区。

4. 复制三角形，并利用自由变换命令以及"编辑"/"变换"/"斜切"命令来调整三角形的形状。

5. 新建图层 3，用椭圆选框工具绘制椭圆。打开渐变编辑器，填充成由白渐变到黑。调整图层不透明度调。

6. 新建图层 4，再次复制和调整三角形。将三角形拼合成"FOX"的形状。

图 5-158

三、本实例将制作一个蝴蝶形相框。在自定义形状工具的列表中，Photoshop 预置了很多形状，我们只要在路径状态下绘制，并将绘制的图案定义为画笔，用新画笔描边绘制出路径。最终效果如图 5-159 所示。

要点提示如下（参看课堂案例二）。

1. 新建文件。宽度为 500 像素，高度为 500 像素，分辨率为 72 像素/英寸。

2. 绘制蝴蝶结形图案。选择自定形状工具，选择形状为蝴蝶结形，按下"Ctrl+Shift+N"快捷键新建图层 1，在新图层中绘制一个较小的蝴蝶结形。

3. 定义蝴蝶结形画笔。选择"编辑"/"定义画笔预设"命令，打开"画笔名称"对话框，为新画笔命名为"蝴蝶结"。

4. 绘制蝴蝶形路径。

5. 为路径描边。选择画笔工具，在其属性栏中单击按钮，打开"画笔面板"，在画笔列表中选择前面设置的蝴蝶结形画笔，在路径面板中单击"用画笔描边路径"。

图 5-159

6. 修饰描边。打开"样式面板"，在列表中选择单击该样式将其应用到"图层 1"。

7. 添加相片。按"Ctrl+Enter"快捷键将路径转换为选区，按"Ctrl+A"快捷键全选图像，按"Ctrl+C"快捷键复制图像；选择"蝴蝶相框"文件，选择"编辑"/"粘贴入"命令，复制的图像将以蒙版的方式自动粘贴到选区中并产生"图层 2"。

8. 调整图像。在"图层面板"选择图层 2，按"Ctrl+T"快捷键打开自由变换调节框，按住"Alt+Shift"快捷键从中心将图像按比例缩小，调整至合适比例后，按"Enter"键确定。

四、本实例将制作一个手机，在工具栏中利用圆角矩形、矩形工具和渐变工具，添加图层样式"斜面和浮雕"，最后为手机制作背景图案。最终效果如图 5-160 所示。

要点提示如下（参看课堂案例三）。

1. 选择"文件"菜单栏中的"新建"命令，宽度为 18cm，高度为 25cm，分辨率为 72 像素/英寸。

2. 新建图层 1，在工具栏中选择"圆角矩形"工具，并设圆角半径为 0.5 像素，绘制一个圆角矩形路径，将路径转换为选区，然后将前景色调节为深灰色，并按 Alt+Delete 快捷键填充到矩形。

3. 新建图层 1，选择工具栏中的矩形工具，绘制手机屏幕，然后用渐变工具进行渐变填充。

4. 新建图层 2，选择工具栏中的矩形工具，画出手机的边框，然后用前景色填充为银灰色，双击图层，在弹出的图层样式面板中勾选"斜面和浮雕"选项。

图 5-160

5. 新建图层 3，选择工具栏中的矩形工具，画出手机的键盘按键，并将路径转换为选区，在"前景色"中填充深灰色，再双击图层，在弹出的界面中勾选"斜面和浮雕"调节参数，将按钮做出斜面浮雕效果。

6. 选择矩形画出手机上面的按键，双击图层弹出图层样式，勾选"斜面和浮雕"参数调节，将按键做出斜面浮雕效果，选择按键并将按键填充为红色和绿色。

7. 利用工具栏中的输入文字输入手机键盘上文字，将文字改为白色字体，输入"Anycall"手机标志。

8. 最后选择背景图层，利用工具栏中的渐变工具将背景进行填充，用菱形渐变工具将背景进行填充为黄色，最后完成手机效果图。

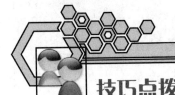

技巧点拨

1. "路径"调板中的"工作路径"是用来存放路径的临时场所，在绘制第二个路径时该"工作路径"会消失，只有将其存储才能长久保留。

2. 在图像像素边缘反差较大的图片中，可以考虑使用自由钢笔工具中的磁性功能，这样可以更加快速地创建路径。

3. 使用磁性钢笔工具绘制路径时，按 Enter 键可以结束路径的绘制，在最后一个锚点上双击可以与第一锚点进行自动封闭路径，按 Alt 键可以暂时转换成钢笔工具。

4. 在弹出菜单中单击"建立选区"命令或者直接按 Ctrl + Enter 快捷键都可以将路径转换成选区。

5. 在点击路径面板下方的几个按钮"用前景色填充路径"、"用前景色描边路径"、"将路径作为选区载入"时，按住 Alt 键可以看见一系列可用的工具或选项。

6. 在绘制路径时，我们最常用的动作还是单线条的勾画，这个操作会造成有矩齿存在，影响画面效果，我们可以先将路径转换为选区，然后对选区进行描边处理，同样可以得到原路径的线条，却可以消除矩齿。

7. 使用笔形工具制作路径时按住 Shift 键可以强制路径或方向线成水平、垂直或 45 度角，按住 Ctrl 键可暂时切换到路径选取工具，按住 Alt 键将笔形指针在黑色节点上单击可以改变方向线的方向，使曲线能够转折，按 Alt 键用路径选取工具单击路径会选取整个路径，要同时选取多个路径可以按住 Shift 后逐个单击，使用路径取工具时按住 Ctrl+Alt 快捷键移近路径会切换到加节点与减节点笔形工具。

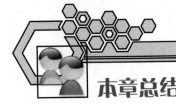

本章总结

本章主要学习了路径和形状的绘制与编辑方法，读者从中应能了解路径与形状工具之间的区别，并通过实例的制作，重点掌握钢笔工具的使用以及路径和形状工具的应用技巧。只有熟练地掌握该方法和技巧，才能够在今后的工作中进行电脑绘画创作。

第6章

文本的编辑

在平面设计中，文字一直是海报设计、包装设计、标志设计等画面不可或缺的组成元素，文字的设计与编排既有传递信息的直观作用，还有思维导向和图形符号表意的作用。一则优秀的平面设计中，文字有时能起到举足轻重或画龙点睛的作用，只有通过文字的点缀和说明，才能清晰、完整、准确的表达作品需要传达的信息。设计时根据不同的设计诉求和视觉传达需求对文字作出合理巧妙的设计与安排，是成功的平面设计不可缺少的重要环节。

Photoshop 软件的文字操作和处理方法非常灵活，可以便捷地创建点文字和段落文字，运用字符面板和段落面板进行编辑，还可以添加各种图层样式、创作路径文字、进行变形和装饰处理等来提升文字的艺术效果。

技能目标：

● 掌握文本创建与编辑方法
● 掌握文本图层编辑方法
● 掌握路径文字和的设置与编辑方法
● 掌握变形文字和的设置与编辑方法
● 能够创作出特殊艺术效果的文字

相关知识：

● 文本创建与编辑
● 文本图层的编辑
● 路径文字
● 变形文字
● 特殊艺术效果文字

6.1　文本创建与编辑

文字在 Photoshop 中是一种很特殊的图像结构，它由像素组成，与当前图像具有相同的分辨率，文字被栅格化以前，Photoshop 会保留基于矢量的文字轮廓，即使对文字缩放或者调整文字大小，也不会因为分辨率的限制而出现锯齿。

在 Photoshop 中创建文本有两种方法。一种是"字符文字"，这种文本不具有自动换行功能，适合用在少量标题文字的创建；另一种是"段落文字"，这种文字适合用在大量文本的创建，具有自动换行功能。

6.1.1　字符文字的创建与编辑

Photoshop 工具箱中提供了文字工具，分为横排文字工具、直排文字工具、横排文字蒙版工具、直排文字蒙版工具四种。选择文字工具，菜单栏下方就会出现文字工具属性栏，如图 6-1 所示，我们可以预先在这里设置文字的字体、大小等各项属性，然后将文字工具移动到图像窗口中，等鼠标指针变成插入符号，在图像窗口中单击，即可创建字符文字。

选择文本工具后，将指针放在文本上双击或在文字图层面板"T"上双击，都可以选择这个文本。利用文字工具属性栏或"字符"面板可以精确控制所选文字的字体、大小、颜色、行间距、字间距和基线偏移等属性，如图 6-2 所示。

图 6-1

图 6-2

6.1.2　段落文字的创建与编辑

使用"段落文字"可以输入大片的文字内容。输入段落文字时，文字会基于文字框的尺寸自动换行，可以根据需要自由调整定界框的大小，使文字在调整后的矩形框中重新排列，也可以在输入文字时或创建文字图层后调整定界框，甚至还可以使用定界框旋转、缩放和斜切文字。

选择文本工具后，在要输入文本的图像区域内沿对角线方向拖动出一个文本定界框，在定界框中输入文本，文本可自动换行。利用"段落"面板可以设置应用于整个段落的文字格式，例如段落文字的对齐方式和缩进格式等，如图 6-3 所示。

图 6-3

6.1.3 文本图层的编辑

大部分绘图工具和图像编辑功能（如色彩和色调的调整、执行滤镜、渐变等）不能在文本层上使用，若需要对文本进行处理，必须通过执行"图层/栅格化"命令将文本图层转换成普通图层。文本图层转换为普通图层后，可以进行图像处理，但无法再还原，文字不能编辑了。

利用"图层/文字"菜单可更改文本排列方向、将字符文字和段落文字互换、将文本创建为路径或形状，还可以将文字进行艺术变形处理，如图 6-4 所示。

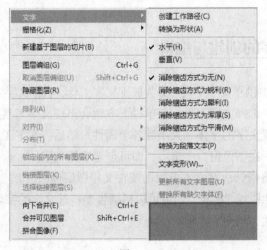

图 6-4

6.1.4 课堂案例一

在 Photoshop 中可以设计各种漂亮字体的排版，最基本的方法就是使用路径文字排版。在开放路径上可形成类似行式文本的效果，还可以将文字排列在封闭的路径内，这样可以形成类似框式文本的效果。本案例主要讲述 Photoshop 路径排版的方法和技巧。大致过程：绘制心形路径，在其封闭路径中填充文字，再沿心形路径外侧形成沿路径走向排列的文字效果，最后适当为版面添加装饰。

最终效果如图 6-5 所示。

图 6-5

操作步骤如下。

1. 新建文档，参数设置如图 6-6 所示。背景色为淡黄色，如图 6-7 所示，效果如图 6-8 所示。

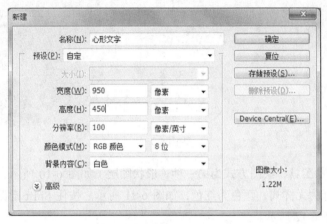

图 6-6

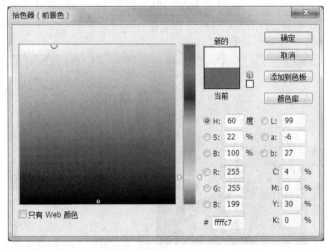

图 6-7

图 6-8

2. 导入"第 6 章/素材/心形文字"中的"花朵背景"素材。将其分别放置在画面左上角及右下角。分别为"花朵背景"添加蒙版，用黑色画笔处理边缘部分，使其与背景自然融合，如图 6-9 所示。

图 6-9

3. 选择自定形状工具，绘图方式为第一种（形状图层）如图 6-10 所示，在形状列表中选择一个心形，样式选择为无样式，颜色为红色，如图 6-11 所示。按住 Shift 键保持长宽比在图像中画出一个心形，如图 6-12 所示。

图 6-10

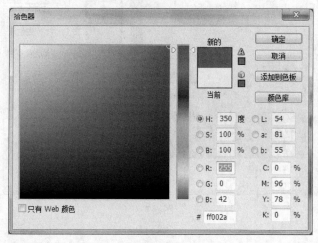

图 6-11

图 6-12

4. 选择文本文字工具，使其停留在心形路径内（鼠标停留在图形之内将显示为），单击出现文字输入指针，输入"LOVE"，如图 6-13 所示，每个字母之后键入一个空格。字符面板及段落面板参数设置如图 6-14 和图 6-15 所示。

图 6-13

图 6-14

图 6-15

5. 在心形路径上单击，出现文字输入指针后输入文字"She was the only true love of mine"。对于已经完成的路径走向文字，还可以使用路径选择工具更改其位于路径上的位置。代表文字起点，代表文字终点，可以移动该标志移动文字起点与终点位置，如果两者之间的距离不足以完全显示文字，终点标记将变为。如果将起点或终点标记向路径的另外一侧拖动，将改变文字的显示位置，同时起点与终点将对换。通过调整竖向偏移的数值，可以调整文字与路径间的偏移距离，如图 6-16～图 6-18 所示。

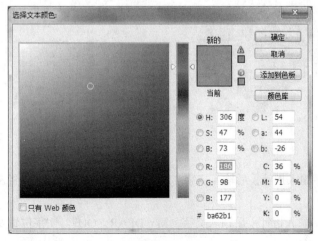

图 6-16

图 6-17

图 6-18

6. 在心形路径上单击，出现文字输入指针 后输入文字"至吾至爱可知一生有你我都陪在你身边"。文字位置及具体参数设置如图 6-19～图 6-21 所示。

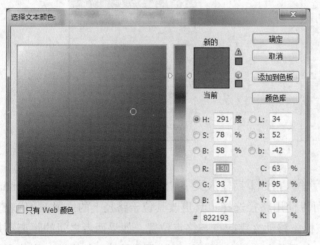

图 6-19

图 6-20

图 6-21

7. 在心形路径上单击，出现文字输入指针 后输入文字"ENDLESS LOVE"。文字位置及具体参数设置如图 6-22～图 6-24 所示。

8. 在心形路径上单击，出现文字输入指针 后输入文字"MY DEAR YOU"。文字位置及具体参数设置如图 6-25～图 6-27 所示。

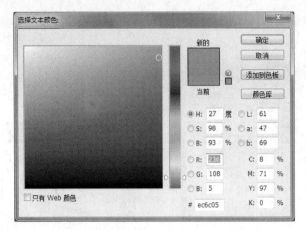

图 6-22

图 6-23

图 6-24

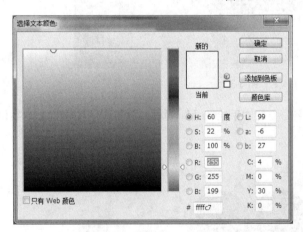

图 6-25

图 6-26

图 6-27

9. 在心形路径上单击，出现文字输入指针后输入文字"LOVE"。文字位置及具体参数设置如图 6-28～图 6-30 所示。

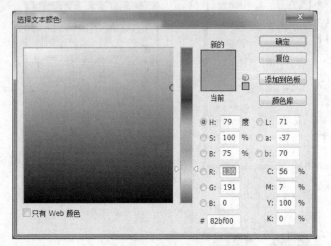

图 6-28   图 6-29

图 6-30

10. 导入"第 6 章/素材/心形文字"中的"手绘花朵"素材，放置于下图位置。本案例最终完成效果如图 6-31 所示。

图 6-31

6.1.5 课堂案例二

本案例制作逼真的针织毛线字效果，本效果重点是文字纹理及边缘部分的制作。纹理部分可以直接使用相关的图案素材，描边部分需要自己设置相应的画笔，然后用描边路径做出绒毛效果，后期再调整细节即可。大致过程：输入文字用设置图层样式制作纹理效果，设置画笔描边制作毛线边效果，最后适当装饰画面。

最终效果如图 6-32 所示。

操作步骤如下。

1. 打开"第 6 章/素材/圣诞"中的"背景"素材，如图 6-33 所示。

2. 导入"第 6 章/素材/圣诞"中的"上方装饰"素材，置于画面顶部，如图 6-34 所示。

图 6-32

图 6-33

图 6-34

3. 打上字体"MERRY X'MAS"，字体与颜色具体设置参数如图 6-35、图 6-36 所示，效果如图 6-37 所示。

图 6-35

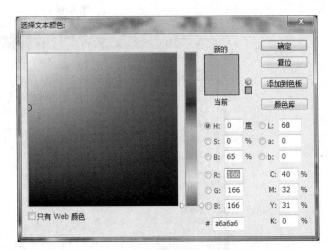

图 6-36

4. 给字体图层添加图层样式，具体参数设置如图 6-38～图 6-43 所示。在"图案叠加"样式中图案选择本章素材中的"布纹图案"，效果如图 6-44 所示。

图 6-37

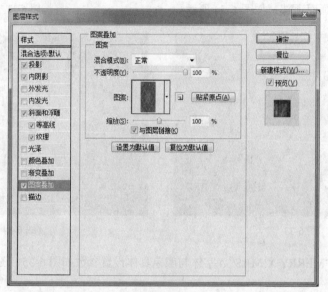

图 6-38

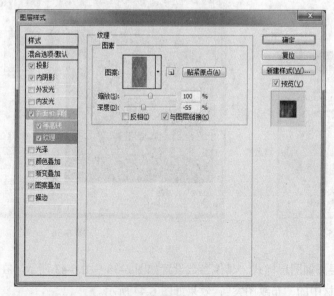

图 6-39

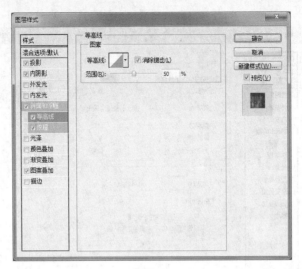

图 6-40

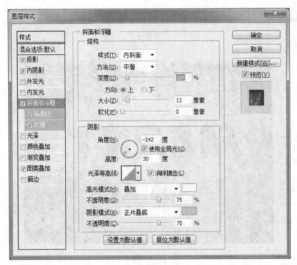

图 6-41

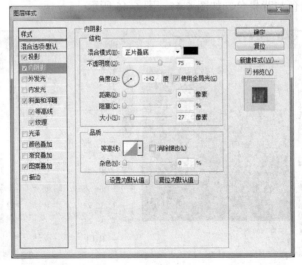

图 6-42

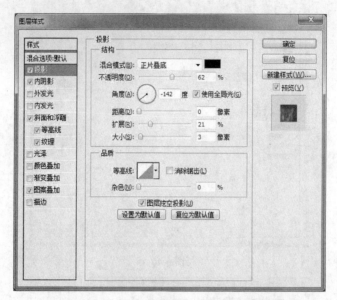

图 6-43

图 6-44

5. 设置文档前景色与背景色，如图 6-45、图 6-46 所示。

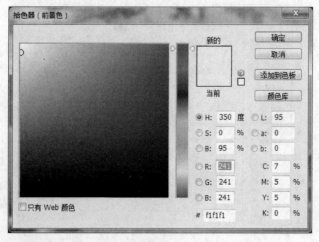

图 6-45

6. 选择画笔工具，打开画笔窗口进行如图 6-47～图 6-49 所示的设置。

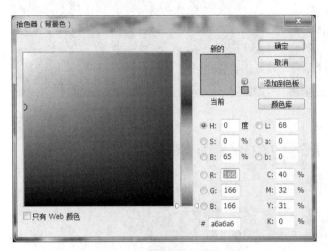

图 6-46

图 6-47

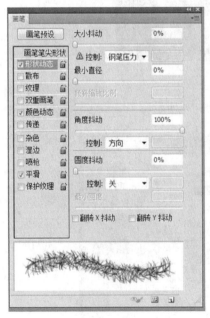

图 6-48

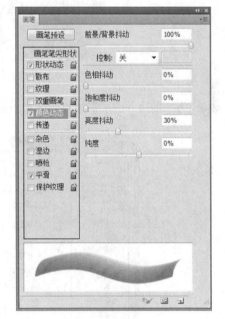

图 6-49

7. 右击字体图层，选择"创建工作路径"，在字体图层下面新建图层"描边"，如图 6-50 所示。

8. 选择钢笔工具，在文字路径上右击，选择"描边路径"，如图 6-51 所示。

9. 不停地重复描边路径操作，操作中可适当调整画笔大小，一直到效果出来为止，如图 6-52 所示。

图 6-50

图 6-51

图 6-52

10. 为"描边"图层添加投影效果，如图 6-53、图 6-54 所示。

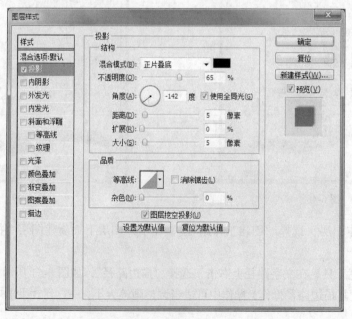

图 6-53

图 6-54

11. 导入"第 6 章/素材/圣诞"中的"下方装饰"素材，置于画面下方，并添加投影效果，如图 6-55 所示。

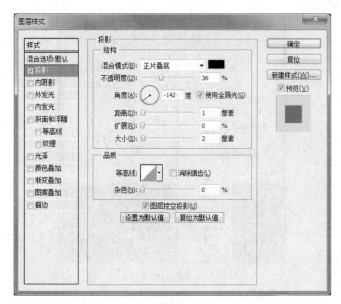

图 6-55

12. 最终完成效果如图 6-56 所示。

图 6-56

163

6.2 文字的艺术化处理

在平面设计中，文字的艺术化处理能增强视觉传达效果，提高作品的诉求力，赋予版面审美价值。

在 Photoshop 中，可以为文字添加投影、描边、浮雕等丰富多样的图层样式，可以设置变形文字和路径文字，还可以利用 Photoshop 各种工具和滤镜对文字进行图案化设计。

6.2.1 变形文字

执行"图层/文字/文字变形"命令，可以扭曲文字以产生扇形、弧形、拱形和波浪等各种不同形态的特殊文字效果，如图 6-57 所示。对文字应用变形后，还可在变形文字面板中随时更改或取消文字的变形样式。

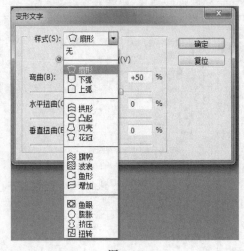

图 6-57

6.2.2 路径文字

利用"文字跟随路径"功能可以将文字沿着指定的路径放置。路径可以是由"钢笔"工具或形状工具绘制的任意工作路径，输入的文字可以沿着路径边缘排列，也可以在路径内部排列，并且可以通过移动路径或编辑路径形状来改变路径文字的位置和形状，如图 6-58 所示。

沿路径边缘输入的文字为点文字，文字是沿路径方向排列的，文字输入后还可以沿着路径方向调整文字的位置和显示区域。在闭合路径内输入文字相当于创建段落文本，当文字输入至路径边界时，系统将自动换行，如果输入的文字超出了路径所能容纳的范围，路径及定界框的右

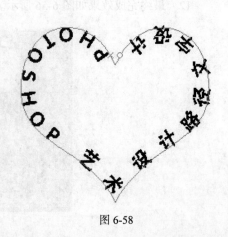

图 6-58

下角将出现溢出图标。

6.2.3　特殊效果文字

特殊效果文字是在一定程度上摆脱了印刷字体的字形和笔划的约束，运用夸张、明暗、增减笔划形象、装饰等手法，以丰富的想象力，重新构成字体结构和形态，既加强了文字的特征，又丰富了标准字体的内涵。如利用滤镜效果制作火焰字、利用图层样式制作立体文字、利用笔刷样式制作花边文字等，如图 6-59 所示。

图 6-59

6.2.4　课堂案例三

本案例制作蓝色光影立体字效果。Photoshop 虽然不是三维软件，但也可以通过技巧制作立体文字。大致过程：输入文字制作透视变形效果，制作立体效果，利用滤镜中风效果及图层样式制作光影效果。

最终效果如图 6-60 所示。

图 6-60

操作步骤如下。

1. 新建文件，参数设置如图 6-61 所示。

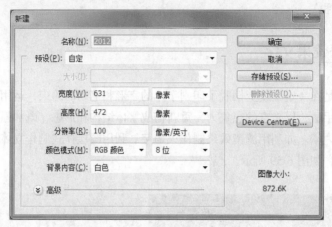

图 6-61

2. 背景层设置径向渐变，颜色设置如图 6-62、图 6-63 所示，效果如图 6-64 所示。

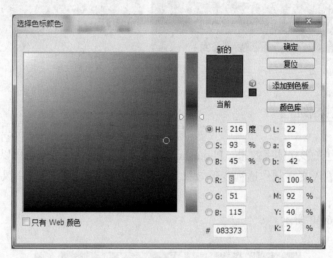

图 6-62

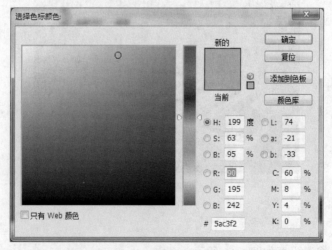

图 6-63

图 6-64

3. 输入文字 "2012"，颜色为黑色，字体设置如图 6-65 所示，效果如图 6-66 所示。

图 6-65

图 6-66

4. 将文字图层复制，对复制出的图层栅格化。隐藏原文字图层，对栅格化图层进行透视、斜切变形处理，使字体有透视效果，如图 6-67 所示。

5. 新建通道，填充白色，如图 6-68 所示。

图 6-67

图 6-68

6. 依次从通道载入每个字体的选区，对字体进行从浅蓝到深蓝的渐变填充，如图 6-69 所示。

7. 对渐变图层执行 "选择/修改/扩展选区" 命令，扩展量为 3，如图 6-70、图 6-71 所示。

图 6-69

图 6-70

8. 扩展选区后，不要取消选区，新建图层，按住 Ctrl+Alt+向下方对文字进行立体化，如图 6-72 所示。

图 6-71

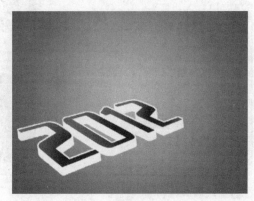
图 6-72

9. 对白色的字体添加外发光效果，参数设置如图 6-73 所示，效果如图 6-74 所示。

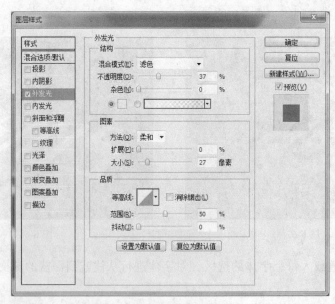
图 6-73

10. 用钢笔绘制一条直线路径，然后多次复制，如图 6-75 所示。

图 6-74

图 6-75

11. 前景设置成浅黄色，新建图层对路径进行描边，描边大小为 2px，如图 6-76 所示。
12. 将描边图层复制一层，如图 6-77 所示。

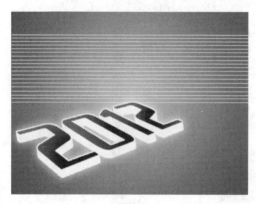

图 6-76

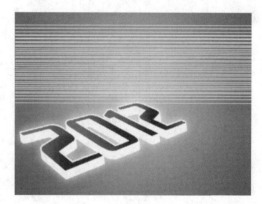

图 6-77

13. 将两层黄色线条图层合并，进行透视、斜切变形处理，放在字体下方，如图 6-78 所示。
14. 将黄色线条图层再复制一个，放置到如图 6-79 所示位置。

图 6-78

图 6-79

15. 删除后面的线条，如图 6-80 所示。
16. 合并黄色线条图层，并为其添加斜面与浮雕及描边效果，参数设置如图 6-81、图 6-82

所示，效果如图 6-83 所示。

图 6-80

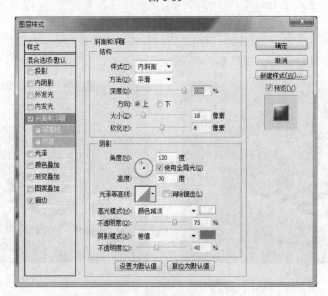

图 6-81

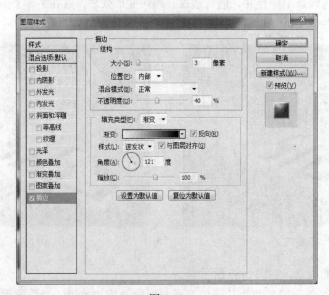

图 6-82

图 6-83

17. 为线条图层添加图层蒙版，用黑色画笔擦除字体下面的线条如图 6-84 所示。

图 6-84

18. 将线条图层复制一层置于原图层上方，并添加外发光和描边效果，参数设置如图 6-85、图 6-86 所示，效果如图 6-87 所示。

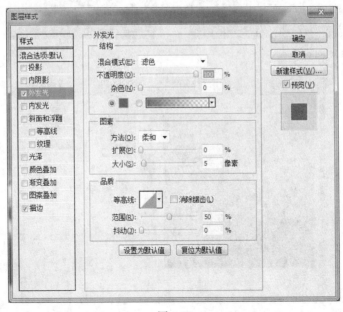

图 6-85

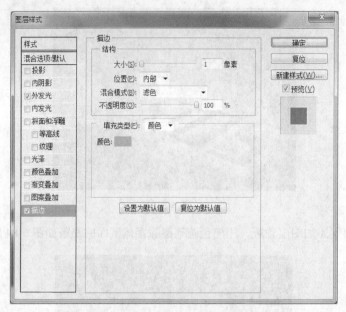

图 6-86

19. 新建图层，用画笔工具画一条颜色，如图 6-88、图 6-89 所示。

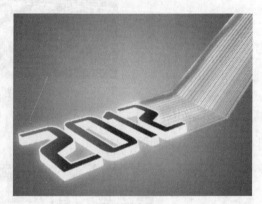

图 6-87   图 6-88

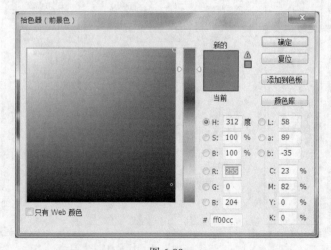

图 6-89

20. 对其进行高斯模糊，模糊半径数值为 15，并将其复制一层放在其他位置，如图 6-90、图 6-91 所示。

图 6-90

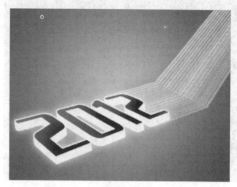

图 6-91

21. 选择立体文字的白色部分，选出 2 的那一部分，按 Ctrl+J 快捷键将其复制到新图层，如图 6-92、图 6-93 所示。

图 6-92

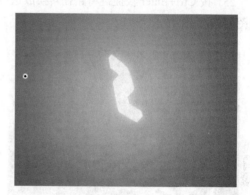

图 6-93

22. 执行"滤镜"/"风格化"/"风"命令，重复执行 3 次以上，参数设置如图 6-94 所示，效果如图 6-95、图 6-96 所示。

图 6-94

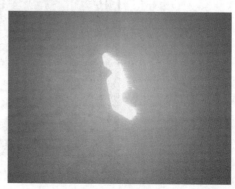

图 6-95

173

23. 将其自由变换调整角度及位置，放到 2 字的后面，如图 6-97 所示。

图 6-96

图 6-97

24. 绘制如图 6-98 所示路径。

25. 按 Ctrl+Enter 快捷键将路径转换成选区，在渐变文字图层上方新建图层，填充一渐变色，如图 6-99 所示。

图 6-98

图 6-99

26. 按 Ctrl+Alt+G 快捷键，向下剪切盖印图章，使其只对下一层起作用。图层叠加方式设置为"叠加"，如图 6-100 所示。

图 6-100

27. 选择渐变背景层，执行"滤镜"/"渲染"/"镜头光晕"命令，添加光晕效果，如图 6-101 所示。

28. 最终完成效果如图 6-102 所示。

图 6-101

图 6-102

6.2.5　课堂案例四

本案例制作文字合成人像效果，主要应用自定义笔刷、色彩范围、通道和蒙版工具。大致过程：调整画面对比度，选择画面的阴影及及中间调，然后使用自定义文字笔刷在画面阴影及中间调选区中涂绘，最后为文字添加渐变叠加效果。

最终效果如图 6-103、图 6-104 所示。

图 6-103

图 6-104

操作步骤如下。

1. 打开"第 6 章"/"素材"/"文字人物图像"中的"人像"素材，如图 6-105 所示。

2. 按 Ctrl+J 快捷键复制背景层，执行"图像"/"调整"/"去色"命令，将图像转换为黑白图像，再执行"图像"/"调整"/"色阶"命令，调整图像对比度，如图 6-106、图 6-107 所示。

图 6-105

图 6-106

3. 执行"选择"/"色彩范围"命令，选择"阴影"命令。按 Ctrl+J 快捷键将选区复制到新图层，如图 6-108、图 6-109 所示。

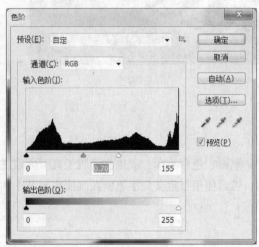
图 6-107

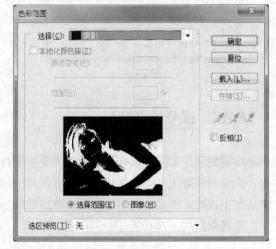
图 6-108

图 6-109

4. 执行"选择"/"色彩范围"命令，选择"中间调"命令。按 Ctrl+J 快捷键将选区复制到新图层，如图 6-110、图 6-111 所示。

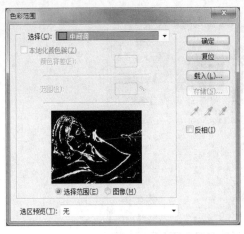

图 6-110　　　　　　　　　　　　　　　　图 6-111

5. 合并阴影图层及中间调图层，如图 6-112 所示。

6. 将合并后的图层载入选区，填充渐变色，如图 6-113～图 6-116 所示。

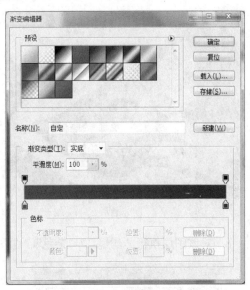

图 6-112　　　　　　　　　　　　　　　　图 6-113

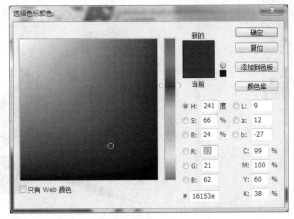

图 6-114

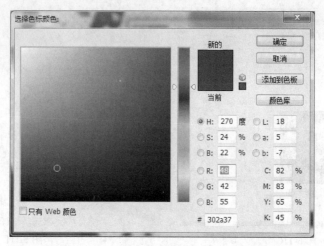

图 6-115

7. 在渐变人物图层下方新建图层，填充为白色，如图 6-117 所示。

图 6-116

图 6-117

8. 对该图层执行"滤镜"/"杂色"/"添加杂色"命令，如图 6-118、图 6-119 所示。

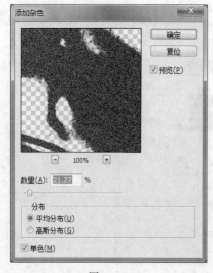

图 6-118

图 6-119

9. 新建文档，输入文字，大小字体各不相同。执行"编辑"/"定义画笔预设"命令，自定义笔刷，如图 6-120、图 6-121 所示。

图 6-120

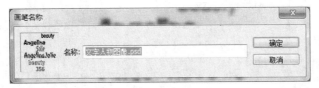

图 6-121

10. 将渐变人物图像层载入选区，新建图层，用刚才定义的笔刷涂抹，可以边涂抹变调整笔刷设置，如笔刷间距、大小、角度等，如图 6-122、图 6-123 所示。

图 6-122

图 6-123

179

11. 为笔刷文字层添加渐变叠加效果，如图 6-124～图 6-126 所示。

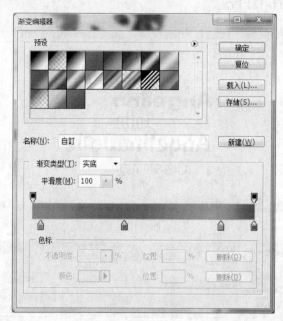

图 6-124

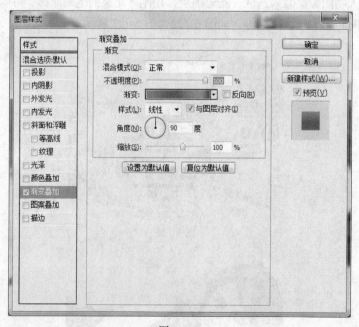

图 6-125

12. 新建图层，绘制黑色矩形，如图 6-127 所示。
13. 输入下列文字，最终效果完成，如图 6-128 所示。
14. 隐藏渐变人物图层，改变渐变颜色，也得到另外效果，如图 6-129 所示。

图 6-126

图 6-127

图 6-128

图 6-129

6.3　技能实训练习

一、绚丽光效文字是常见的特效文字，本案例制作路径文字加光束效果。大致过程：画笔制作背景，制作圆形路径文字，再利用动感模糊滤镜制作光束效果，最后为画面添加色彩渐变效果。

最终效果如图 6-130 所示。

要点提示：

1．利用画笔绘制黑色背景上圆点效果；

2．绘制圆形路径，并沿路径输入字母文字，为文字设置浮雕、外发光等图层样式，斜切变形处理置于画面右下方；

3．画笔绘制横向线条并利用动感模糊产生光束效果，变形处理后置于文字上方；

4．顶层新建图层设置渐变效果，图层叠加模式为颜色。

二、本案例主要教大家如何通过使用钢笔工具、图层样式等技巧设计出一张漂亮的文字特效。大致过

图 6-130

程：用钢笔工具绘制字母底层背景，填充颜色并设置图层样式，输入字母文字并设置图层样式，最后使用画笔工具涂抹亮处和添加高光效果。

最终效果如图 6-131 所示。

图 6-131

要点提示：

1. 用钢笔工具绘制字母底层背景，分别设置斜面与浮雕、投影、外发光和光泽效果；

2. 输入文字，设置投影、渐变叠加（蓝黑色）和描边效果；

3. 复制文字图层置于原图层上层，设置斜面与浮雕、渐变叠加（红绿黄色）、外发光和光泽效果；

4. 使用画笔工具涂抹亮处，添加高光效果。

三、本案例制作一款房地产海报，文案是房地产海报设计中重要的组成元素。大致过程：将画面元素进行合成和效果设置，再进行点文字及段落文字的创建与编辑。

最终效果如图 6-132 所示。

图 6-132

要点提示：

1. 将背景、天空、树木、楼房、星光、月亮及帆船元素进行合成，确定其在画面中位置；

2. 复制楼房和树木图层并倒转制作楼房倒影。楼房倒影图层模式为叠加，树木倒影图层叠加模式为正片叠底；

3. 使用点文字或段落文字工具输入画面文字。

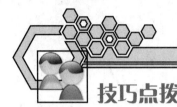

技巧点拨

1. 处在输入模式下时，按 Ctrl+T 快捷键就能够显示字符和段落浮动面板，或者是单击"选项"浮动面板中的"显示"/"隐藏字符段落调板"命令。

2. 要将点文本转换成段落文本，或是反操作，只需要在浮动面板上显示"T"的图层上右键单击，选择"转换为段落文本"即可，或是在菜单"图层"/"文字"/"转换为段落文本"中进行选择。

3. 想要对几个文字图层的属性同时进行修改，例如字体、颜色、大小等等，只要将想要修改的图层通过按住 Shift 键关联到一起，再进行属性修改即可。

4. 在文字图层中的"编辑"/"填充"命令和颜料桶工具都不能使用，但 Alt+空格键（使用前景颜色填充）和 Ctrl+空格键（使用背景颜色填充）仍然是可用的。

5. 单击或拖动一个文本框时按住 Alt 键，就可以显示一个段落文本大小的对话框。这个对话框会显示当前文本框的尺寸，接着你只需要输入你想要的宽和高的值即可。

6. 要移动使用 Type Mask Tool（文字蒙版工具）打出的字形选取范围时，可先切换成快速蒙版模式（用快捷键 Q 切换），然后再进行移动，完成后只要再切换回标准模式即可。

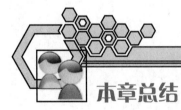

本章总结

文字在平面设计中的功效和作用是不容忽视的，本章将 Photoshop 文字设计及文本编辑功能与实际平面设计案例结合起来，主要讲述了点文字及段落文本的创建编辑、文本图层的设置、路径文字编排、变形文字及特殊文字效果的制作，通过四个设计案例介绍了文本编排及文字设计的创意方法和制作技巧，并涉及 Photoshop 图层样式的制作、路径绘制、通道蒙版的使用及滤镜效果的应用等相关内容。通过本章的学习，读者可熟练掌握 Photoshop 文字设计及文本编辑技能，由本章案例举一反三制作出不同的文字效果。

第7章

通道和蒙版的应用

在 Photoshop 中，通道主要用于保存图像的颜色数据和存储选区，多个通道的叠加可以组成丰富的彩色图像。可以分别针对每个通道进行色彩、图像的加工，还可以单独对通道应用滤镜效果。当图像的颜色、模式不同时，通道的数量和模式也会不同。在 Photoshop 中，包含 4 种类型的通道，即复合通道、单色通道、专色通道和 Alpha 通道。

在 Photoshop 中，蒙版可以用来将图像的某部分分离开来，保护图像的某部分不被编辑。利用蒙版，可以将创建的选区存储起来随时调用。另外，也可以将蒙版用于其他复杂的编辑工作，如对图像执行颜色变换或滤镜效果等。

在 Photoshop 中，通道和蒙版是一个重要的知识点，通道一般用于选择比较复杂的选区，还可以和图层的快速蒙版结合使用，制作出各种特效。

技能目标：
- 了解通道的基本功能
- 掌握通道的基本操作
- 掌握蒙版的基本操作技能
- 运用通道和图层蒙版编辑图像

相关知识：
- 通道及类型
- 通道的基本操作
- 蒙版的创建与基本操作
- 通道和蒙版的应用

7.1 通道及类型

通道可以保存图像的颜色数据，可以保存选择区域。在实际应用中，也可以制作各种特殊效果。在通道调板中可以同时显示出图像中的颜色通道、专色通道及 Alpha 选区通道，每个通道以一个小图标的形式出现，以便控制。它可通过执行窗口菜单下"窗口"/"通道"命令调出。通道包括下面 3 种类型。

7.1.1　颜色通道

Photoshop 处理的图像，不同的颜色模式，表示图像中像素点采用的不同颜色描述方法。这些不同的颜色描述方式实际上就是图像的颜色模式。不同的颜色模式具有不同的呈色空间和不同的原色组合。同一图像中的像素点在处理和存储时都必须采用同样的颜色描述方法。像素点的颜色就是由这些颜色模式中的原色信息来进行描述的。那么，所有像素点所包含的某一种原色信息，便构成了一个颜色通道。例如在 RGB 图像中的红通道保存了图像中红色像素的分布信息，绿通道或蓝通道则是保存了绿色像素或蓝色像素的分布信息，它们都是颜色通道，这些颜色通道的不同信息配比便构成了图像中的不同颜色变化。

在 RGB 图像的通道调板中看到红、绿、蓝 3 个颜色通道和一个 RGB 的复合通道，如图 7-1 所示。在 CMYK 图像的通道调板中将看到黄、洋红、青、黑 4 个颜色通道和一个 CMYK 的复合通道，如图 7-2 所示。

图 7-1

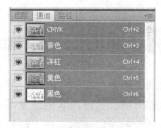

图 7-2

7.1.2　Alpha 通道

Alpha 通道和颜色通道有很大的区别，其主要功能是创建、保存及编辑选区。新建的 Alpha 通道通常只有黑色或白色，通道可以转换成为选区，而选区也可以保存为通道。可以将 Alpha 通道看作是一个没有颜色的灰色图像，其中纯白色代表选区，纯黑色代表非选区。由于 Alpha 通道中可以创建从黑到白共 256 级灰度色，可以利用绘图的手段对其进行编辑，因此能够创建编辑得到非常精细的选区，也可以添加 Alpha 通道来创建和存储蒙版，这些蒙版用于处理或保护图像的某些部分。

7.1.3　专色通道

专色是指在印刷时使用的一种预置的油墨，用来替代或补充印刷色油墨。使用专色的好处可以获得使用 CMYK 四色油墨无法合成的颜色效果。当一个包含有专色通道的图像进行打印输出时，这个专色通道会成为一张单独的胶片被打印出来。

使用"通道"调板弹出菜单中的"新专色通道"命令，或按住 Ctrl 键，单击"创建新通道"按钮，可弹出"新专色通道"对话框，如图 7-3 和图 7-4 所示。单击"颜色"框可以打开"拾色器"对话框，选择油墨的颜色，能够为用户更容易地提供一种专门油墨颜色。在"密度"文本框中则可输入 0%～100%的数值来确定油墨的密度。

图 7-3

将一个 Alpha 通道转换成为专色通道，可以在"通道"调板弹出菜单中选择"通道选项"命令，在弹出的对话框中选中"专色"选项，如图 7-5 所示。

图 7-4

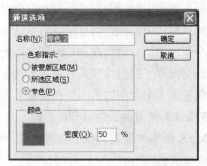

图 7-5

7.2 通道的基本操作

通道调板列出图像中的所有通道，颜色通道、专色通道及 Alpha 选区通道等，每个通道以一个小图标的形式出现，通道内容的缩览图显示在通道名称的左侧，在编辑通道时会自动更新缩览图。通道面板通常和图层放在一起，可执行窗口菜单下的"窗口/通道"命令调出。

7.2.1 Alpha 通道

要将图像中制作一个选择区域保存为通道，直接单击通道调板下方的 图标，可将选择区域存储为一个新的 Alpha 选区通道。系统自动命名为 Alpha1。还可以执行"选择/存储选区"命令，将选择区域存为一个 Alpha 选区通道，弹出如图 7-6 所示的对话框。选择"替换通道"选项可替换现有的 Alpha 通道；选择"添加到通道"选项可在原通道的基础上添加当前选择区域所定义的通道；选择"从通道中减去"选项可从 A1pha 通道中减去当前选择区域所建立的通道；选择"与通道交叉"选项是可以得到原通道与当前选择区域所创建的通道的重叠区域。

图 7-6

文档：设定选择区域所要存储的目的文件。可以将选择区域保存在该图像文件中，还可以将选区通道存储为一个新文件中。

通道：默认情况下会将选择区域存成一个新的 Alpha 选区通道，可将选择区域保存在现有的

Alpha 选区通道或专色通道上。

7.2.2 通道作为选区载入

任何 Alpha 选区通道都可以作为选区载入，选择该 Alpha 选区通道直接拖到通道调板底部的 图标上即可。也可以从菜单"选择/载入选区"命令，则可调出"载入选区"对话框，如图 7-7 所示。

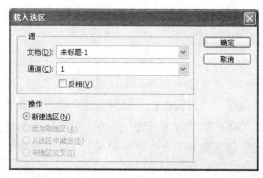

图 7-7

7.2.3 Alpha 选区通道的编辑

Alpha 选区通道中能表现出黑白灰的层次变化，白色代表选中的区域，黑色代表未选中的区域，灰色代表具有一定透明度的选择区域。所以，可以通过 Alpha 选区通道内的颜色变化来修改 Alpha 选区通道的形状。可以使用各种绘图工具，各种填充的方法也可以改变 Alpha 选区通道的形状；对于选择区域来说，可以执行菜单"选择/修改/扩展或收缩"命令来改变它的形状；也可以使用"滤镜/""其他"/"最大值或最小值"命令；选择区域制作羽化的效果，存储成通道时，通道中白色部分的边缘会出现一些灰色的层次，或者将其存储为一个 Alpha 选区通道后，可以执行"滤镜"/"模糊"/"高斯模糊"命令来制作羽化的效果。可以通过改变模糊半径数值，确定羽化效果边缘的虚晕程度。在通道中使用各种命令时，要先取消选择区域，否则它们的作用范围会受到一定的限制。

7.2.4 复制与删除通道

通道的复制操作很简单，鼠标单击选中要复制的通道，在通道调板菜单中选择"复制通道"菜单命令，会弹出如图 7-8 所示的对话框，在通道调板就会显示一个复制的通道。设置好各选项之后，单击"确定"按钮，即可完成通道的复制。用鼠标可直接将需要复制的通道拖到通道调板下方的 图标上，也可完成快速复制通道的操作。

将无用的通道删除，方法是用鼠标单击选中要删除的通道，然后通过执行调板菜单中的"删除通道"命令，即可删除该通道。也可以在"通道"调板中选择要删除的通道，并拖到 图标上来删除它。

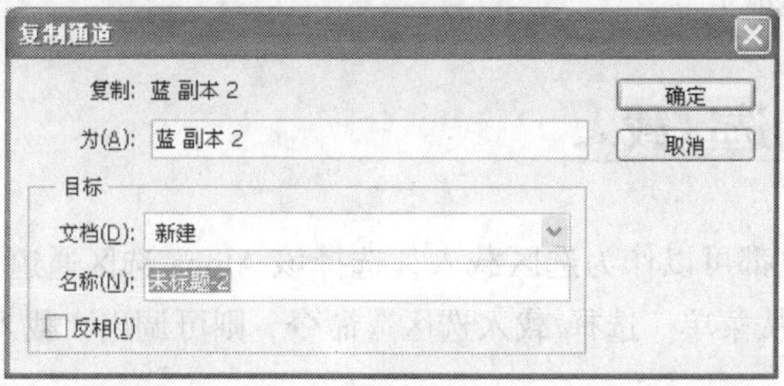

图 7-8

7.2.5　通道的分离与合并

在进行图像编辑时，有时需要单独地对每一个通道中的图像进行处理，此时可将图像进行通道分离，然后可以在单一的通道上进行编辑，可以做出特殊的图像效果。

可以使用通道调板弹出菜单中的"分离通道"命令，可将每个通道独立地分离为单个文件，并关闭原文件。将图像中的颜色通道分为 3 个单独的灰度文件，如图 7-9～图 7-12 所示。

图 7-9

图 7-10

图 7-11

图 7-12

分离后文件占用空间大，所以编辑完每个通道图像后应进行通道合并。对于分离通道产生的文件，在未改变这些图像文件尺寸的情况下，可以在"通道"调板中选择"合并通道"命令将其合并起来。合并时，Photoshop 会提示合并通道后的颜色模式，如图 7-13、图 7-14 所示，以确定合并时使用的通道数目，并允许选择合并图像所使用的颜色通道，如图 7-15 所示。

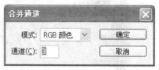

图 7-13   图 7-14   图 7-15

只要图像的文件尺寸相同，分辨率相同，都是灰度图像，就可选择作为合并使用的一个文件，并不一定非要选择原先分离的 3 个灰度文件。

7.2.6   通道运算

使用通道运算命令可以将两个通道通过各种混合模式组合成一个新通道。选择区域间可以有不同算法，进行通道和选区之间的计算。同样可以利用计算的方法来实现各种复杂的效果，制作出新的选择区域形状，如图 7-16、图 7-17 所示。选择"图像"/"计算"命令，则可以得到如图 7-18 所示的通道效果。

图 7-16   图 7-17   图 7-18

7.3   蒙版的创建与基本操作

在 Photoshop 中，可以创建像"快速蒙版"这样的临时蒙版，也可以创建永久性的蒙版，如将它们存储为特殊的灰阶通道——Alpha 选区通道。Photoshop 也利用通道存储颜色信息和专色信息。可以使用"通道"调板来观看和使用 Alpha 选区通道。

7.3.1   创建快速蒙版

利用快速蒙版将一个有浮动的选择范围转变为一个临时的蒙版，并将这个快速蒙版转回选择范围。将临时的快速蒙版转回选择范围，这一临时的蒙版就被删除掉了。

执行"文件/打开"命令，可将如图 7-19 所示的文件打开。

选择魔棒工具（ ），在魔棒工具的选项栏中，将"容差"数值设定为 30，使用魔棒工具，在图案上的任何一个白色的位置单击，在按住 Shift 键的同时再使用魔棒工具，如图 7-20 所示。

图 7-19　　　　　　　　　图 7-20　　　　　　　　　图 7-21

这时可利用快速蒙版提供的功能来实现选区的准确选择。

在工具箱中单击快速蒙版模式按钮，在"快速蒙版模式"，会出现红色半透明的"膜"将选择线以外的图像区域蒙住，从而将这些区域保护起来。没有被红色的"膜"保护的可见区域就是选择线之内的选中区域，双击快速蒙版按钮（ ），弹出"快速蒙版选项"对话框，如图 7-22 所示，设置色彩指示为"所选区域"，并单击颜色下的红色色块，选取一个与图像反差比较大的的颜色作为半透明"膜"的颜色，按"确定"按钮，得到图 7-23 所示结果。

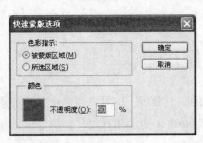

图 7-22　　　　　　　　　图 7-23

7.3.2　编辑快速蒙版

编辑快速蒙版可以用画笔工具增加或减少选区，也可以使用其他工具或滤镜对蒙版进行编辑，甚至可以使用选择工具。

在快速蒙版模式下，Photoshop 自动转换为灰阶模式，前景色为黑色，背景色为白色。当用工具箱中的绘图或编辑工具时，应遵守以下原则：当用白色绘制时相当于减少蒙版范围，红色区域变小，选择区域就会增加；当用黑色绘制时相当于增加蒙版范围，红色的区域变大，选择区域减少。当用不同程度的灰色绘制时（中度灰色），选区中将有 50%的像素被选中；浅灰色和深灰色绘制，选区中将会在多于或少于 50%的像素之间。

7.3.3　将选区存储为蒙版通道

通过快速蒙版制作的选区不能长期保存，只是一个临时的选区，为了防止选区的丢失，做好的选区存储为 Alpha 选区通道，可用来存储制作的选区。

在选区存在的情况下，执行"选择"/"存储选区"命令。在弹出的对话框中，如图 7-24 所示，保存默认选项，单击"确定"按钮。在通道调板颜色通道的下面会增加一个 Aephal 的通道，如图 7-25 所示。

图 7-24

图 7-25

Alpha 选区通道可以随时添加或删除，和快速蒙版一样，可用绘图或编辑工具进行修改，也可以用和编辑快速蒙版相同的方式编辑。

7.4　通道和蒙版的应用实例

7.4.1　课堂案例一

这是一个用快速蒙版编辑的艺术相框的实例。快速蒙版可以用工具和滤镜来编辑。可以根据不同的艺术相框的样式配合不同的滤镜效果。每次制作的时候，出来的效果有所不同。但主要的思路是一致的。

最终效果如图 7-26 所示。

操作步骤如下。

1. 打开素材"第 7 章/素材/艺术相框"文件，按 Ctrl+A 快捷键将图片全选，按 Ctrl+C 快捷键复制在剪贴板上，如图 7-27 所示。

图 7-26

图 7-27

2. 按 Ctrl+N 快捷键打开"新建"对话框,在其中将名称改为"艺术相框",其余设置默认,如图 7-28 所示,单击"确定"按钮。

图 7-28

3. 按 Ctrl+V 快捷键粘贴剪贴板上的图片。执行"图像"/"画布大小"命令,在弹出的对话框中设置参数如图 7-29 所示,单击"确定"按钮。

4. 在"图层"调板中激活刚粘贴了人物图像的图层。在图像编辑区绘制矩形选区，如图 7-30 所示。

图 7-29　　　　　　　　　　　　　　　　　图 7-30

5. 按 Q 键切换到快速蒙版模式。执行"滤镜"/"扭曲"/"波纹"命令，在弹出的对话框中设置合适的参数，如图 7-31、图 7-32 所示。

图 7-31　　　　　　　　　　　　　　　　　图 7-32

6. 再按 Q 键切换回标准模式，此时图像中的选区如图 7-33 所示。

7. 按 Ctrl+Shift+I 快捷键将选区反选。置前景色的 RGB 为（R:52,G:37,B:78），按 ALT+Delete 快捷键选区填充前景色，如图 7-34 所示。

8. 执行"编辑"/"描边"命令，在弹出的"描边"对话框中设置"宽度"为"3"像素；"颜色"的 RGB 为（R:223,G:204,B:241），如图 7-35 所示。

9. 单击"确定"按钮应用，按 ctrl+D 快捷键取消选区，最终效果如图 7-36 所示。

图 7-33

图 7-34

图 7-35

图 7-36

7.4.2 课堂案例二

这是一个用通道和滤镜编辑艺术照片的实例。通道可以用工具和滤镜来编辑。可以根据不同的艺术照片的样式配合不同的滤镜效果。每次制作的时候，出来的效果有所不同。但主要的思路是一致的。

最终效果如图 7-37 所示。

图 7-37

操作步骤如下。

1. 启动 Photoshop 软件，打开素材"第 7 章"/"素材"/"艺术照片"文件，如图 7-38 所示。然后复制背景图层。

2. 对这张照片进行调色，新建一个"亮度/对比度"调整图层，在"亮度"/"对比度"对话框中，将亮度调整为 5，对比度为+60，如图 7-11 所示。调整好之后单击"确定"按钮，如图 7-39～图 7-41 所示。

图 7-38

图 7-39

图 7-40

图 7-41

3. 单击通道调板并新建一个 Alpha 通道，利用矩形选框工具绘制一个边框并填充为白色，如图 7-42～图 7-44 所示。

图 7-42

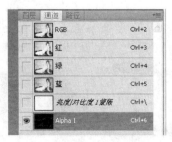

图 7-43

图 7-44

4. 执行"滤镜"/"像素化"/"点状化"命令，在点状化对话框中，将单元格大小调至为 8，如图 7-45 所示，单击"确定"按钮，通道效果如图 7-46 所示。

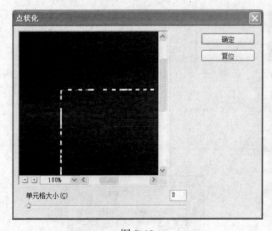

图 7-45

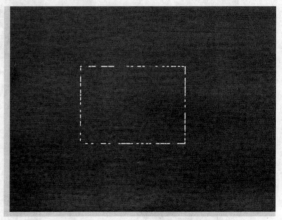

图 7-46

5. 载入 Alpha 通道的选区，返回图层调板并新建一个空白图层，然后将选区内填充为白色，利用 CTRL+T 快捷键进行变换模式，将边框旋转到合适的角度以及位置。确定好边框的位置以后，载入该图层的选区，并利用魔棒工具减选掉中间一部分的选区，如图 7-47、图 7-48 所示。

图 7-47

图 7-48

6. 选择"图层 1"并在刚选出的状态下，利用 CTRL+C 快捷键复制其选区中的内容，然后用 Ctrl+V 快捷键进行粘贴，然后将边框图层与刚才粘贴出来的图层进行合并。

7. 打开该图层样式对话框并选择投影，将投影的角度调整为 115，距离为 5，扩展为 8，大小为 8，参数如图 7-49 所示。调整好之后单击"确定"按钮，如图 7-50、图 7-51 所示。

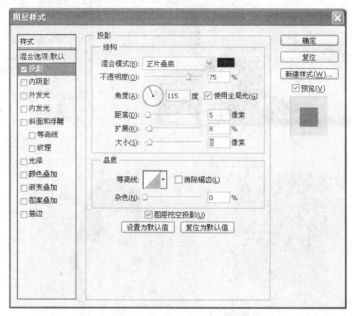

图 7-49

图 7-50

图 7-51

8. 返回通道调板，载入 Alpha 通道，然后再新建一个空白图层并填充为白色。利用 CTRL+T 快捷键进入变换模式，调整边框并确定其位置。使用魔棒工具减选选区的一部分，并参照第一次制作叠放照片的效果来进行复制和粘贴，合并图层。复制上一图层的图层样式，对此图层进行粘贴，如图 7-52、图 7-53 所示。

9. 参照这种方法，继续制作下面的照片叠放效果，如图 7-54、图 7-55 所示。

10. 选择图层 1，然后执行"滤镜"/"模糊"/"高斯模糊"命令，在高斯模糊对话框中，将半径调整为 1.5 像素，如图 7-56 所示，执行"图像"/"调整"/"亮度"/"对比度"命令，在亮度/对比度对话框中，将亮度调整为-30。

图 7-52 图 7-53

图 7-54

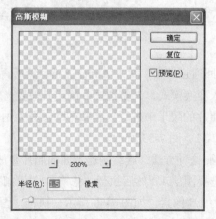

图 7-55 图 7-56

11. 调整好之后单击确定，利用圆角矩形工具在图像的左边绘制出一个圆角矩形并填充为黑色，然后在图层调板中将该图层的不透明度设置为 70%，图像效果如图 7-57 所示。

12. 最后在这部分黑色半透明的区域上任意输入一些用于装饰的文字，最终图像效果如图 7-58 所示。

图 7-57

图 7-58

7.4.3　课堂案例三

通道抠图也是我们在抠图中经常用到的方法。抠图之前需要我们认真分析图片的色调构成，主要利用图像的色相差别或者明度差别，在通道中选黑白对比明显的通道进行操作，然后回到图层面板中，创建图层蒙版，再进行细微处理，最后调整色彩平衡，让人物融于背景之中。

最终效果如图 7-59 所示。

操作步骤如下。

1. 打开"第 7 章"/"素材"/"通道抠图"人物，单击通道面板，分别为红色通道、绿色通道和蓝色通道的示意图，如图 7-60 所示。

图 7-59

图 7-60

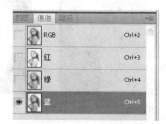
图 7-61

2. 主要是通过图像背景和前景色的色相差别的明度差别来做。在通道面板中，蓝色通道的反差较大，所以选择了蓝色通道为目标。为了不破坏原图，我们将蓝色通道进行复制，如图 7-62 所示。

3. 为了使图中所要的人物和背景颜色亮度有更明显的区别，我们用曲线的方法来调整图片的亮度对比，如图 7-63、图 7-64 所示。

4. 在通道里白色是选区，按反向 Ctrl+I 快捷键，得到如图 7-65 所示效果。

图 7-62

图 7-63

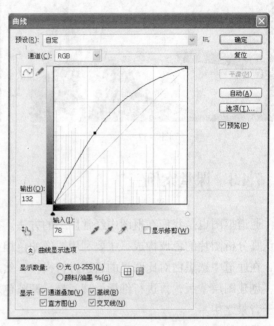

图 7-64

5. 然后调整背景色为黑色，将人物周围的背景擦黑，最后效果如图 7-66、图 7-67 所示。

图 7-65

图 7-66

图 7-67

6. 在通道面板，选中蓝色副本通道，按 Ctrl 键将白色的人物载入选区，回到图层面板，人物选区如图 7-68 所示。

7. 将选区内的人物单独存到另一个图层中，按 Ctrl+J 快捷键，添加新图层，填充自选颜色。使用"图层" / "修边" / "移去白色杂边"命令。如图 7-69 所示。

图 7-68

图 7-69

7.4.4　课堂案例四

这是一个用专色通道制作的实例。主要应用钢笔工具勾画路径转换为选区后，新建专色通道等相关的通道操作。最后的效果如图 7-70 所示。

1. 打开"第 7 章/素材/专色通道"素材文件，用钢笔工具勾勒出书的轮廓图，如图 7-71 所示。

图 7-70

图 7-71

2. 用钢笔工具画好书的轮廓路径后，按 Ctrl+Enter 快捷键，将路径转换为选区，如图 7-72 所示。按 Ctrl+J 快捷键得到"图层 1"，如图 7-73 所示。

3. 打开通道面板，按住 Ctrl 键，用鼠标左键单击通道面板创建新通道，在弹出的"新建专色通道"对话框中，单击颜色框，选择自己喜欢的颜色。这里的是颜色库中的"PANTONE 115C"色，如图 7-74、图 7-75 所示。

图 7-72

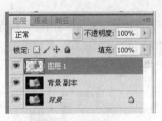

图 7-73   图 7-74

4．打开"第 7 章/素材/专色 1"文件，如图 7-76 所示，按 Ctrl+A 快捷键全选，按 Ctrl+C 快捷键复制。点到"专色 2"文件的新建的专色通道上，按 Ctrl+V 快捷键执行粘贴命令，效果如图 7-77、图 7-78 所示。

图 7-75   图 7-76

5．用自由变换粘贴在专色通道上的图像的大小和位置，单击路径调版上的书轮廓，然后单击 Ctrl+ Enter 快捷键转换成书的选区，反选 Ctrl+Shift+I 快捷键。按下字母 D，将前景色和背景色设置成默认值，按下 Delete 删除，得到如图 7-79 所示的效果。

图 7-77

图 7-78   图 7-79

6．选择建立的专色通道，单击通道调板右上方的下拉箭头，在调板菜单中选择"合并专色通道"命令，则专色通道上的颜色合并到 RGB 原色通道中，如图 7-80 所示。

最后的效果如图 7-81 所示。

图 7-80

图 7-81

7.4.5　课堂案例五

本例是制作一副波尔卡点的实例。为实现波尔卡点的效果，在通道中编辑图像得到选区，然后对选区进行填充，最后填加图层样式得到这种效果。

最终效果如图 7-82 所示。

操作步骤如下。

1. 单击"文件"/"新建"命令，把名称命名为"波卡尔点"，并调整宽度为"600"像素，高度为"600"像素，分辨率为"120 像素/英寸"，颜色模式"RGB"。

2. 打开通道面板，单击面板中的"创建新通道"按钮 ，创建新通道 Alpha1，如图 7-83 所示。

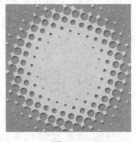

图 7-82

图 7-83

3. 选择工具箱中的椭圆选框工具，在图像中创建一个椭圆选区，用白色填充选区后取消选择，如图 7-84 所示。

4. 选择菜单"滤镜"/"模糊"/"高斯模糊"命令，在打开的"高斯模糊"对话框中设置"半径"为 40 像素，如图 7-85 所示，单击"确定"按钮，效果如图 7-86 所示。

5. 选择"滤镜"/"像素化"/"彩色半调"命令，在打开的"彩色半调"对话框中设置"最大半径"为 30 像素，如图 7-87 所示。单击"确定"按钮，效果如图 7-88 所示。

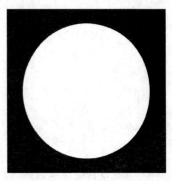

图 7-84

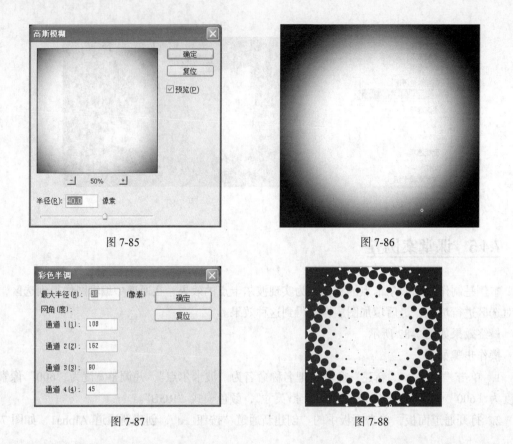

图 7-85

图 7-86

图 7-87

图 7-88

6. 按下 Ctrl 键的同时在"通道面板"单击"Alpha 1"通道，载入"Alpha 1"通道选区。单击"通道面板"的 RGB 复合通道，回到 RGB 模式，此时图像中的效果如图 7-89 所示。

7. 在"图层"面板中新建"图层 1"，将前景色设为绿色，用前景色填充选区，如图 7-90 所示。

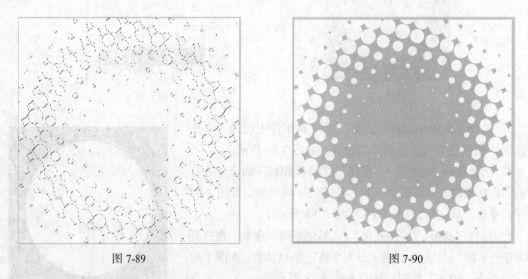

图 7-89

图 7-90

8. Ctrl+D 快捷键取消选区。在"图层"面板选择"背景"层为当前层，将前景色设为蓝色，按 Alt+Delete 快捷键，用蓝色填充背景图层，填充效果如图 7-91 所示。

图 7-91

9. 在"图层"面板双击"图层 1"前的缩略图，在打开的"图层样式"对话框中选择"投影"，其他参数保持默认值，如图 7-92 所示，单击"确定"按钮，完成本实例的制作，效果如图 7-92 所示。

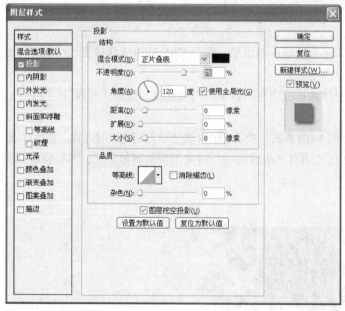

图 7-92

图 7-93

7.5 技能实训练习

一、在本实训练习中主要学习如何使用通道来抠取婚纱图。我们将使用通道、图层和调整图像色调来达到抠出婚纱的图像。

最终效果如图 7-94 所示。

要点提示：

1. 打开"通道"调板，选择前景色和后景色对比度较大的通道，并复制该通道，得到副本黑白色差最大的一个通道；

205

图 7-94

2. 利用 "套索" 工具或者钢笔工具将新娘抠取出来。按下 Ctrl+Shift+I 快捷键进行反选，选择 "画笔" 工具，将背景填充黑色；

3. 用画笔工具将新娘的头部和身体涂抹成白色。调整黑白对比度。使用 "图像" / "调整" / "色阶" 命令；

4. 按下 Ctrl 将通道载入选区，回到 RGB 模式。按下 Ctrl+J 快捷键复制选取的内容，更换背景。

二、在本实训练习中主要学习如何用通道来抠取头发。将使用调整图像颜色、图层蒙版知识配合达到抠取头发的图像。

最终效果如图 7-95 所示。

图 7-95

要点提示：

1. 打开人物图片，选取黑白色差最大的一个通道，并复制该通道；

2. 调整黑白对比度，使用 "图像" / "调整" / "色阶" 命令；

3. 将通道载入选区，回到 RGB 模式；

4. 添加图层蒙版，对图层蒙版细微调整。这个步骤需要自己根据不同的图像采用不同的参数；

5. 调整色相、色彩平衡等，使素材与背景融合到一起。

三、在本实训练习中主要学习如何使用通道和滤镜的配合， 创建彩色半调艺术边框的效果。

最终效果如图 7-96 所示。

图 7-96

要点提示：

1. 新建通道，羽化值为 15，填充白色；

2. 执行"滤镜"/"彩色半调"命令，数值 10 像素；

3. 按住 Ctrl 健，左健单击 Alpha1 缩略图，载入选区，单击 RGB 通道 Ctrl+Shift+I 快捷键进行反选，然后选择人物图片粘贴入。

技巧点拨

1. 在通道里，越明亮说明颜色的数值越高，所以，我们可以利用通道亮度的反差进行抠图，因为它是选择区域的映射。

2. 在通道里制作选区，凡是通道里的白色就是选区，灰色就是半透明，而黑色就是非选区。我们可以使用画图工具，将想要的选区绘制成白色，将不要的地方绘制为黑色；也可以使用色阶、曲线等命令把灰色部分变成黑色或者白色。并可以应用滤镜。如果使用渐变工具在通道中绘图，将得到黑、白、灰的颜色过渡效果。对于灰色区域，系统根据灰度的色值确定选择区域的大小，灰度值越大靠近黑色，则表明能够选中的图像越小；反之灰度值越小越靠近白色，则能够选中的越多。

3．在快速蒙版模式下执行"文件"/"存储"命令将文件存储起来，当下次打开图像文件的时候，制作的快速蒙版依然保留。切换到标准模式下执行存储命令，当下次打开文件时，选区会丢失。

4．蒙版的形状也就决定了选择区域的形状，可以通过对蒙版形状的修改来制定和修改所需的选择区域。可以使用各种绘图工具作用于蒙版，减小选择区域的范围；使用橡皮工具擦除蒙版颜色，扩大被选择的区域；使用渐变工具做一个渐变，便可做出一个透明度由大到小的选择区域。

5．如果选择区域本身具有一定的羽化值，则切换到快速蒙版状态时，在蒙版的边缘出现一些虚晕的变化，选择区域的羽化值实际上就是选择区域边缘透明度的变化，因此快速蒙版中蒙版色透明度的改变，也就表示了选择区域透明度的不同设置。

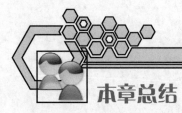

本章总结

通道和蒙版是 Photoshop 图像处理的利器，本章主要学习了通道和蒙版工具的基本概念及使用方法，并重点介绍了通道和蒙版在工作中的应用，因为通道的概念对于初学者来说理解比较困难，所以希望读者能够认真学习本章的内容，经过不断积累经验和学习实践，能熟练使用，有效地发挥其功能。

第8章

调整图像颜色

我们生活的世界是一个充满色彩的世界，因为有了色彩，图像才显得更生动。创造性地使用色彩，可以营造意境，烘托氛围，使图像表现力更强。Photoshop 有着强大而丰富的色彩调整功能，可以轻松调整图像的亮度、饱和度和色相，修正拍摄时有色彩失衡、曝光过度或其他缺陷的照片，还能使彩色照片变为黑白照片，甚至为黑白照片上色，并调出光怪陆离的特殊色彩效果。

在 Photoshop 中，"色相/饱和度"、"色彩平衡"和"照片滤镜"等可以调整图像的色彩；"亮度/对比度"和"曝光度"等可以调整图像的色调；"色阶"和"曲线"可以同时调整图像的色彩和色调；"匹配颜色"、"替换颜色"、"可选颜色"等可以对图像的指定颜色进行调整或者匹配多个图像之间的色彩；"渐变映射"、"色调分离"、"反相"等可以调出特殊的色彩效果。本章以图像色彩与色调的调整为重点，配合相关案例详细讲解Photoshop 中各个颜色调整工具的使用方法和调整技巧。

技能目标：

- 了解不同颜色模式的作用和优势
- 熟练掌握调整图层的使用技巧
- 掌握图像色调的基本调整方法
- 掌握图像色彩的调整技巧
- 能够调整出特殊色彩效果
- 掌握通道调色技术

相关知识：

- 图像的颜色模式
- 调整图层的应用
- 图像基本色调调整
- 图像基本色彩调整
- 图像特殊颜色效果调整

● 通道调色技术

8.1 图像的颜色模式

在运用软件进行图像处理的时候，会接触到各种各样的颜色，那么就必须理解各种颜色模式之间的关系。否则，如果没有选择正确的颜色模式，一副色彩生动而丰富的图像打印出来以后可能会变得灰暗难看。颜色模式的作用就在于把图像的色彩信息转译成数字数据，使颜色在多种操作平台和媒体中保持一致。颜色模式决定了显示和打印图像颜色的方法。

Photoshop 软件中支持的颜色模式包括位图、灰度、双色调、索引颜色、RGB 颜色、CMYK 颜色、Lab 颜色、多通道颜色，其中较为常用的是 RGB 颜色、CMYK 颜色和 Lab 颜色等，不同的颜色模式在应用中有着不同的作用和优势。

8.1.1 基本颜色模式

RGB 模式是由红、绿、蓝三种色光构成，也被称为色光模式，主要应用于显示器屏幕的显示，如电脑平显示屏、扫描仪、数码相机、电视、幻灯片和多媒体等。每一种颜色的光线从 0 到 255 被分成 256 阶，0 表示这种光线没有，255 就是最饱和的状态。因此 RGB 颜色模式可以显示 1670 万（256×256×256）种颜色，如图 8-1 所示。在该颜色模式下 Photoshop 所有功能都可以使用。

CMYK 模式是一种印刷模式。其中四个字母分别指青（Cyan）、洋红（Magenta）、黄（Yellow）、黑（Black），在印刷中代表四种颜色的油墨。该模式的色域范围比 RGB 模式小，只有制作用于印刷的图像时才使用该模式。使用 CMYK 模式时滤镜功能不能使用，如果创作由 RGB 图像开始，最好先编辑，再转换为 CMYK 模式。

图 8-1

Lab 模式是 Photoshop 进行颜色转换时使用的中间模式，是色域最广的模式。L 代表亮度，a 代表了由绿色到红色的光谱变化，b 代表了由蓝色到黄色的光谱变化。如果只需改变图像的亮度不影响其色彩信息，可将图像转换为该模式后对 L 通道进行操作。Lab 模式最大的优点是颜色与设备无关，无论使用哪种设备创建或输出图像，该颜色模式产生的颜色可以保持一致。

8.1.2 无彩模式

灰度模式和位图模式都属于无彩模式。彩色图像转换成灰度模式后，色相和饱和度信息都会被删除，只保留亮度信息。灰度模式的图像由 256 级的灰度组成，图像的过渡平滑细腻，如图 8-2 所示。图像的每一个像素能够用 0～255 的亮度值来表示，其中 0 代表黑色，255 代表白色。位图模式使用黑色或白色两种颜色来表示图像的色彩，适用于明暗对比强烈的图像，图像占用的存储空间少，如图 8-3 所示。位图模式的输出方法有"50%阈值"、"图案仿色"、"扩散仿色"、"半调网屏"和"自定图案"，可根据视觉效果的需要选择不同的输出方法。需要注意的是只有灰度和双色调模式的图像才能转换成位图模式。

图 8-2

图 8-3

8.1.3　索引颜色模式

索引颜色模式占用存储空间较少，是网上和动画中常用的图像模式，最多可使用 256 种颜色。如果原图像中颜色不能用 256 色表现，则 Photoshop 会从可使用的颜色中选出最相近颜色来模拟这些颜色，以减小图像文件的尺寸。在索引颜色模式下只能进行有限的图像编辑，如果需要进一步编辑，需要将图像转换为 RGB 模式。

8.1.4　特殊颜色模式

双色调和多通道模式对有特殊打印要求的图像非常有用，其最主要的用途是使用尽量少的颜色表现尽量多的颜色层次，这对于减少印刷成本是很重要的。双色调模式采用 2-4 种彩色油墨来创建由双色调、三色调和四色调混合色阶来组成图像，如图 8-4 所示。如果图像中只使用了一两种或两三种颜色时，使用多通道模式可以在减少印刷成本的同时得到尽可能多的色彩细节。

图 8-4

8.2 调整图层的应用

8.2.1 调整图层的创建

调整图层是一个特殊的图层，用于调整图像的颜色和色调而不会破坏原有图层的像素。单击图层面板下端的"添加新的填充或调整图层"按钮，在弹出菜单中选择要调整的选项即可创建调整图层，如图 8-5 所示。

图 8-5

8.2.2 调整图层的使用技巧

● 调整图层最大的使用优势在于不破坏原图像，可以随时重新编辑调整图层的设置参数。

● 调整图层自带一个图层蒙版，在该蒙版上绘画可将调整只应用于想要进行调整的那部分，而且通过使用不同色调绘画可以改变调整的强度。也可以通过改变整个调整图层的不透明度来调整调整的效果。

● 调整图层可应用于多个图像，其作用于所有下方图层，对上图层没有任何影响，可通过改变调整图层的上下顺序来控制调整图层的作用范围。如果不希望其对下方所有图层起作用，可以将调整图层与被调整图层创建剪贴蒙版组，这样调整图层仅影响其下方的一个图层。

● 可以在图像之间复制和粘贴调整图层，从而达到快速应用相同颜色和色调调整的目的。

8.3 图像基本色调调整

由于拍摄时天色、光线、角度等因素的影响，拍摄出来的照片往往会不尽人意，或者画面昏暗，或者曝光度过高等，Photoshop 具有强大的照片调整与修复功能，可以让我们后期对图像进行色调的调整，把图像的明暗与色调合理调整。其中，"色阶"、"曲线"、"亮度/对比度"、"阴影/高光"和"曝光度"是调整图像色调经常用到的工具和命令。

8.3.1　图像色调的简单调整

对于存在单一缺陷的图像，我们可以使用"亮度"/对比度"、"阴影/高光"、"曝光度"命令对图像进行简单调整，这些命令的使用相对简单，对于还不能灵活使用色阶和曲线命令的用户可先用这三个命令来操作。

"亮度/对比度"命令使用方法非常简单，执行"图像"/"调整"/"亮度/对比度"可对图像进行亮度和对比度的调整。该命令没有色阶和曲线的可控性强，图像细节有可能会丢失，对于图像像素和色彩细节输出要求较高的输出操作，建议使用色阶和曲线来调整。

"阴影/高光"命令经常用来调整由于逆光拍摄造成的亮部过亮、暗部过暗近乎剪影的图像，如果使用"亮度/对比度"来调整，常会出现高光区域随着阴影区域同时增加亮度而造成曝光过度的情况。"阴影/高光"命令能够基于阴影或高光中的局部相邻像素来校正每个像素。调整高光区域时，对阴影部分影响很小，调整阴影部分时，对高光部分几乎没有影响。

若图像过亮，而亮部没有细节和层次，就是曝光过度；若图像较暗，暗部没有细节和层次就是曝光不足。"曝光度"命令则用于调整曝光不足或曝光过度的图像。其中"曝光度"选项用于调整高光区域，对于阴影区域影响较小，"位移"选项使阴影和中间调变暗，对高光区域影响较小。

8.3.2　图像色调的高级调整

"色阶"命令是 Photoshop 最为重要的调整命令之一，它可以调整图像的高光、中间调和阴影的强度级别，从而校正色调范围和色彩平衡。

执行"图像"/"调整"/"色阶"或按快捷键 Ctrl+L 可打开"色阶"对话框。改变输入色阶下方的三个滑块位置分别可以设置阴影、中间调和高光的数值，从而调整图像的色阶。在输入色阶的直方图面板中，色阶像素集中在右边，说明图像的亮部较多，色阶像素集中在左侧，说明图像的暗部较多。改变输出色阶的两个滑块位置可以设置输出图像的最高和最低色阶。在调整时，还可以使用三个吸样吸管来设置图像的黑场、灰场和白场，以达到更好的调整效果，如图 8-6 所示。

"曲线"命令是 Photoshop 中最强大的调整工具，它汇集了"色阶"、"亮度/对比度"、"阈值"、"色彩平衡"等多个调整命令的功能，如图 8-7 所示。与"色阶"命令类似，"曲线"命令也可以调整图像的整体色调与色彩。"色阶"命令利用高光、阴影、中间调来调整图像，"曲线"命令最多可以添加 14 个控制点对图像进行调整，因而"曲线"命令对图像的调整更加精确和细致，它可以调整一定色调区域内的像素而不影响其他像素，这点是"色阶"命令无法做到的。

执行"图像"/"调整"/"曲线"或按 Ctrl+M 快捷键可打开"曲线"对话框。在曲线上单击即可以添加控制点，拖动控制点改变曲线的形态即可以调整图像的色调与色彩。当图像为 RGB 模式时，曲线向上弯曲可将图像色调调亮，向下弯曲可将色调调暗。（图像为 CMYK 模式时，与此相反。）除此之外，按下 ✐ 按钮还可以使用手绘曲线来调整图像。调整曲线上的控制点时，使用键盘上的方向键可以对其进行微调。一般来说，对曲线进行轻微调整即可达到调整目的，曲线调整幅度越大，越容易对原有图像造成破坏。

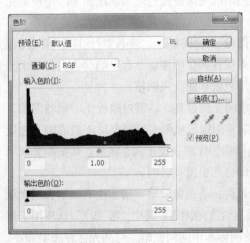

图 8-6   图 8-7

8.3.3　课堂案例一

本案例运用 Photoshop 的"换脸术"将蒙娜丽莎画像中的面部更换成憨豆先生的面部。"换脸术"是大家很熟悉并常用的 Photoshop 图片处理技术，需要较好的抠图技术和精准的色彩调整技巧。大致过程：扣出憨豆先生面部拖入蒙娜丽莎画像中，擦出多余部分使其融合更加自然，运用调色通道混合器、曲线和色相饱和度等调色工具调整画面色彩。最终效果如图 8-10 所示。

原素材如图 8-8 和图 8-9 所示。

图 8-8   图 8-9

合成后：

图 8-10

操作步骤如下。

1. 在 Photoshop 中打开光盘目录"第 8 章/素材/换脸"中素材"蒙娜丽莎"。将背景图层复制一层，把背景的前面眼睛关掉，如图 8-11 所示。

2. 在 Photoshop 中打开光盘目录"第 8 章/素材/换脸术"中素材"憨豆先生"。并将其拖入"蒙娜丽莎"文档中，保存文档，如图 8-12 所示。

图 8-11

图 8-12

3. 将"憨豆先生"图层透明度降低，并将其自由变换和蒙娜丽莎面部相匹配，如图 8-13 所示。

4. 运用"变形"工具将两个面部五官等细节相匹配，如图 8-14 所示。

图 8-13 图 8-14

5. 为"憨豆先生"图层添加图层蒙版,用白色画笔将憨豆先生的面部显示出来,如图 8-15 所示。

6. 新建"色相/饱和度"调整图层,并将其和"憨豆先生"图层创建剪切蒙版。目的是在调整色彩时背景图层不受影响。具体参数设置和调整后效果如图 8-16、图 8-17 所示。

图 8-15 图 8-16

7. 新建"照片滤镜"调整图层,并将其和"憨豆先生"图层创建剪切蒙版。具体参数设置和调整后效果如图 8-18~图 8-20 所示。

8. 新建"曲线"调整图层,并将其和"憨豆先生"图层创建剪切蒙版。具体参数设置和调整后效果如图 8-21、图 8-22 所示。

图 8-17

图 8-18

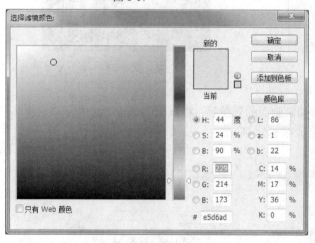

图 8-19

图 8-20

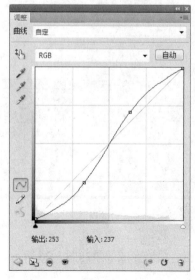

图 8-21

图 8-22

9. 新建"色阶"调整图层，并将其和"憨豆先生"图层创建剪切蒙版。具体参数设置和调整后效果如图 8-23、图 8-24 所示。

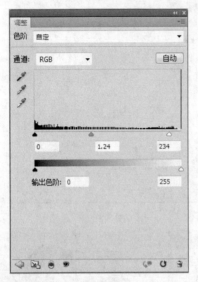 

图 8-23　　　　　　　　　　　　图 8-24

10. 为了使"憨豆先生"图层有古油画画面的颗粒感，将该图层执行"滤镜"/"纹理"/"颗粒"命令，具体参数设置和调整后效果如图 8-25 所示。

图 8-25

11. 将两张图片融合不自然的细节及色彩进一步修正，最终完成效果如图 8-26 所示。

图 8-26

8.4　图像基本色彩调整

由于灯光颜色、背景颜色等因素的影响，图像色彩经常会有一定色差，或者为了达到某种画面效果，我们需要对图像原有的色彩进行调整。在 Photoshop 中，"色相/饱和度"、"色彩平衡"、"变化"、"可选颜色"、"照片滤镜"等可以对图像的色彩进行调整，"去色"、"黑白"和"阈值"可以把彩色图像调整为黑白图像，如图 8-27 所示。

图 8-27

8.4.1　彩色图像变黑白图像

"去色"命令不改变图像的颜色模式，直接删除图像的颜色信息，与在"色相/饱和度"中将"饱和度"调整为-100 有相同的效果，如图 8-28 所示。

"阈值"命令可将彩色图像转换为高对比度的黑白图像。该命令可以指定某个色阶作为阈值，比该阈值色阶亮的像素转换为白色，比其暗的像素转换为黑色，从而获得纯黑白色的图像，如图 8-29 所示。

     "黑白"命令是专门用于将彩色图像调整为
黑白图像的命令。该命令可以实现对各颜色转
换方式的完全控制，即分别调整红色、黄色、
绿色、青色、蓝色和洋红色的亮度值，制作出
高质量的无彩色图像，如图 8-30 所示。例如，
在彩色图像转换为黑白图像时，蓝色和绿色的
灰度值非常接近，转换后色调的层次感就被削
弱了，利用该命令分别调整这两种颜色的灰度，
将他们区分开，就可以解决这个问题了，得到

图 8-28

色调层次丰富、鲜明的黑白图像。另外，利用"黑白"命令还可以为灰度图像上色，使图像呈现
为单色效果。

图 8-29

图 8-30

8.4.2　彩色图像的色彩调整

     "色相/饱和度"是 Photoshop 中非常重要的色彩调整命令，它可以对色彩的三大属性（色相、
饱和度和明度）进行调整。该命令既可以同时调整图像中所有颜色的色相、饱和度和明度，也可
以单独调整图像中特定颜色（红色、黄色、绿色、蓝色等）的色彩属性。

     "色彩平衡"是用来调整各种色彩间平衡的命令。它将图像分为阴影、中间调和高光三种色调，
可以调整全部图像的色彩，也可以只调整其中一种或两种色调的色彩平衡。如只调整阴影色调中
的黄色，而不会影响中间调和高光中的黄色。

     "变化"命令是一个非常便捷的命令，它的功能相当于"色相/饱和度"和"色彩平衡"命
令，可以让用户非常直观地调整图像的色彩属性和色彩平衡，在调整的同时就可以同时查看
图像调整前和调整后的效果，如图 8-31 所示。该命令非常适合调整色调平均且不需要精确调整的
图像。

     "可选颜色"命令是通过调整印刷油墨的含量来校正颜色平衡的，印刷色由青色、洋红色、黄
色和黑色混合而成，使用该命令可以有选择性地在图像某一主色调成分中增加或减少印刷颜色的
含量，而不影响该印刷色在其他主色调中的含量。例如，可以增加红色图案中黄色，而同时保持
蓝色图案中的黄色不变。

图 8-31　变化

　　滤镜是安装在镜头前面的一种配件，可以降低或消除反光物体表面的反光，或者改变色温。"照片滤镜"命令即模拟在相机镜头上加上有颜色的滤光片，来调整图像的色温和色彩平衡。该命令对于矫正图像颜色非常有用，例如在绿草地上拍摄的人像皮肤会显得偏绿，可以选择其补色的滤光镜来调整颜色，恢复正常的肤色。

8.5　图像特殊颜色效果调整

　　除了能校正图像的色调和色彩，Photoshop 还能够制作特殊色调和色彩效果。"渐变映射"、"匹配颜色"、"色调均化"和"色调分离"、"反相"都是用来制作特殊色彩效果的工具，这些工具和命令使 Photoshop 的色彩调整功能更加强大和多样化，如图 8-32 所示。

　　"渐变映射"命令可以将图像转换为灰度图像，再用设定的渐变色来替换图像中的各级灰度颜色。例如如果指定双色渐变为映射色，被映射图像中的阴影就会被影射到一个端点的颜色，高光被映射到另一个端点的颜色，中间调则被映射到两个端点之间的过渡色。与"渐变映射"类似，"匹配颜色"命令可以将图像和另一个图像的颜色相匹配，使两副图像看上去和谐统一。

　　"色调均化"可以重新分布像素的亮度值，将最亮像素调整为白色，最暗的像素调整为黑色，该命令可以使图像更均匀地呈现所有范围的亮度级别，增加相近颜色像素的对比度，如图 8-33 所示。"色调分离"可按照指定的色阶减少图像颜色，从而简化图像内容，在创建大面积单色区域或降低灰度图像色阶时，该命令非常有效，它还可以使彩色图像产生非常有趣的画面效果，如图 8-34 所示。

图 8-32　　　　　　　　　　　　　　　图 8-33

"反相"命令可以反转图像中的颜色，通道中每个像素的亮度值转换为 256 级颜色值刻度上相反的值，如图 8-35 所示。该命令可以单独对层和通道进行调整，执行"图像"/"调整"/"反相"或按快捷键 Ctrl+I 可执行该命令。

图 8-34　　　　　　　　　　　　　　　图 8-35

8.5.1　课堂案例二

本案例介绍常用的色彩调整命令的应用。将一幅色彩画面较为昏暗水中人物摄影图片调整为色彩斑斓充满奇幻气息的画面。大致过程：使用曲线和色阶工具调整画面整体亮度和对比度，再使用可选颜色、色相/饱和度和色彩平衡命令调处奇幻斑斓色彩效果，最后盖印图层做高斯模糊处理，更改图层叠加模式增强画面色彩效果。

调整前如图 8-36 所示，调整后如图 8-37 所示。

操作步骤如下。

1. 在 Photoshop 中打开光盘目录"第 8 章/素材/水中天使"中的素材"水中天使调整前"，如图 8-38 所示。

图 8-36

图 8-37

2. 按下 Ctrl+J 快捷键将背景图层复制出一层，将叠加模式更改为正片叠底，不透明度为 40%。效果如图 8-39 所示。

图 8-38

图 8-39

3. 创建曲线调整图层，对红色、蓝色和 RGB 通道进行调整，如图 8-40～图 8-43 所示。

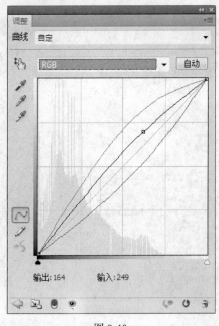

图 8-40

图 8-41

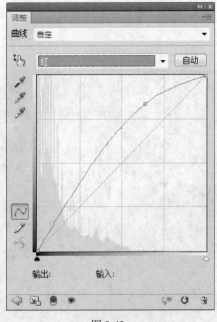

图 8-42

图 8-43

4. 创建色阶调整图层，如图 8-44、图 8-45 所示。
5. 创建可选颜色调整图层，对红色、白色和中性色进行调整，如图 8-46～图 8-49 所示。

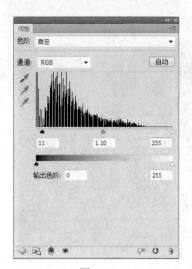

图 8-44

图 8-45

图 8-46

图 8-47

图 8-48

图 8-49

6. 创建色相/饱和度调整图层，如图 8-50、图 8-51 所示。

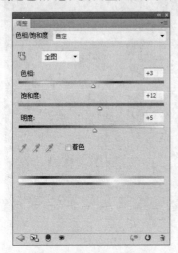

图 8-50 图 8-51

7. 创建色彩平衡调整图层，对中间调、暗调和高光进行调整，如图 8-52~图 8-55 所示。

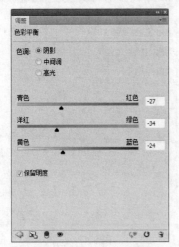
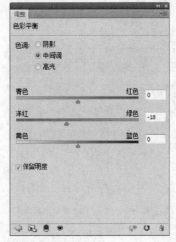

图 8-52 图 8-53

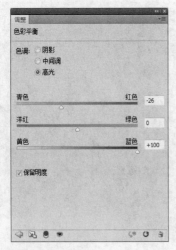

图 8-54 图 8-55

8. 按下 Ctrl+Shift+Alt+E 快捷键盖印图层。执行"滤镜"/"模糊"/"高斯模糊"命令，半径数值为 5，确定后把图层混合模式改为"变亮"，不透明度改为 61%，如图 8-56 所示。

9. 创建曲线调整图层，对画面整体效果进行调整，如图 8-57、图 8-58 所示。

图 8-56

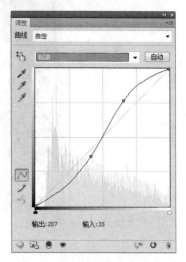

图 8-57

10. 用黑色画笔把画面中过度曝光的人物部分擦出来。该文档各图层效果如图 8-59 所示。

图 8-58

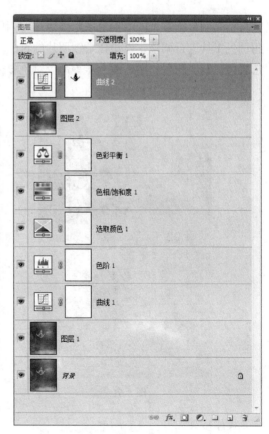

图 8-59

11. 最终完成效果如图 8-60 所示。

图 8-60

8.5.2　课堂案例三

本案例介绍常见的淡褐色系婚纱照片的调色方法。婚纱原片的色调往往不够有意境，后期常用调色工具进行调整，以烘托婚纱照片的氛围。大致过程：先后运用色阶、色彩平衡、曲线、可选颜色、渐变映射和通道混合器等命令对色彩进行调整，再运用图层叠加增强图片效果。

调整前如图 8-61 所示：　　　　　　　　　　　调整后如图 8-62 所示：

图 8-61　　　　　　　　　　　　　　　　　　图 8-62

操作步骤如下。

1. 在 Photoshop 中打开光盘目录"第 8 章/素材/婚纱照片"中素材"婚纱照片调整前"，如

图 8-63 所示。

2. 使用套索工具选取图像中不需要压暗的区域，执行"选择"/"修改"/"羽化"操作，羽化值为 30。按下 Ctrl+Shift+I 快捷键执行反选，如图 8-64 所示。

图 8-63   图 8-64

3. 建新色阶调整图层，用色阶压暗图像四周，如不合适可在蒙版中稍加处理，如图 8-65、图 8-66 所示。

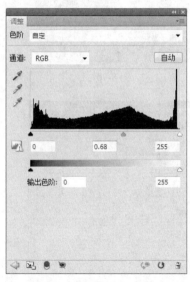 

图 8-65   图 8-66

4. 创建色彩平衡调整图层，对中间调进行调整，如图 8-67、图 8-68 所示。

5. 创建曲线调整图层，对红色通道进行调整，如图 8-69、图 8-70 所示。

6. 创建可选颜色调整图层，对黄色、绿色和中性色进行调整，如图 8-71～图 8-74 所示。

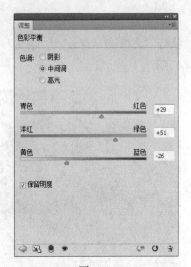

图 8-67

图 8-68

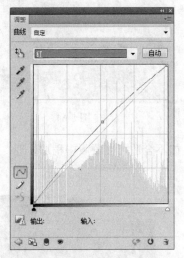

图 8-69

图 8-70

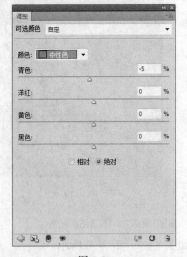

图 8-71

图 8-72

图 8-73

图 8-74

7. 用黑色画笔把人物脸部及肤色部分擦出来，如图 8-75 所示。

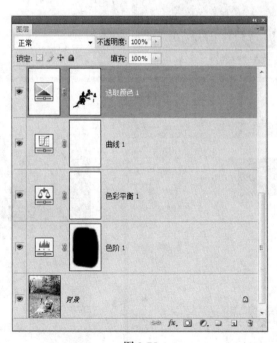

图 8-75

8. 创建渐变映射调整图层，渐变颜色设置，如图 8-76～图 8-79 所示，把图层不透明度改为 30%。

231

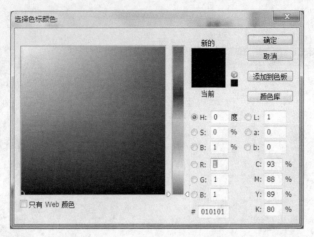

图 8-76

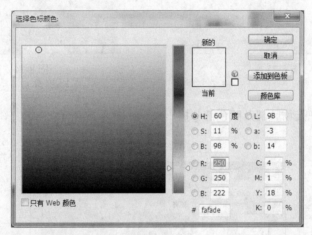

图 8-77

图 8-78

图 8-79

9. 创建通道混合器调整图层，对蓝色进行调整，参数设置如图 8-80 所示。确定后把图层不透明度改为 30%，如图 8-81 所示。

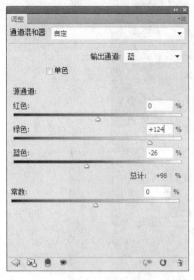
图 8-80

图 8-81

10. 按下 Ctrl+Shift+Alt+E 快捷键盖印图层。

11. 按下 Ctrl+J 快捷键把盖印图层复制一层，执行"滤镜"/"模糊"/"高斯模糊"命令，半径数值为 5，确定后把图层混合模式改为"柔光"，不透明度改为 30%，如图 8-82 所示。

12. 把背景图层复制一层置于所有图层顶层，执行"图像"/"调整"/"去色"命令，再将该图层混合模式改为"正片叠底"，不透明度改为 30%，如图 8-83 所示。

图 8-82

图 8-83

13. 用"减淡工具"将人物皮肤颜色擦亮，最后根据画面效果对图像进行整体的调整，最终完成效果如图 8-84 所示。

图 8-84

8.6 通道调色技术

在通道面板中,颜色通道记录了图像所有色彩信息。图像的模式决定了颜色通道的数量,RGB 模式图像有 3 个颜色通道,如图 8-85 所示,CMYK 模式图像有 4 个颜色通道,灰度图像只有一个颜色通道,它们都包含了所有将被打印或显示的颜色信息。

图 8-85

8.6.1　颜色通道与色彩的关系

我们使用任何一个调色命令对图像颜色进行调整，都是通过通道来影响色彩的。通道调色技术是一种高级的调色技术。

在颜色通道中，灰色代表该颜色在图像中的含量。亮区表示该颜色含量多，暗区表示该颜色含量少。所以如果要在图像中增加某种颜色，则可以将对应的通道调亮；如果要减少某种颜色，则把对应的通道调暗。同时，在颜色通道中，颜色是可以互相影响的，在增加一种颜色含量的同时，会减少其补色的含量；反之，在减少一种颜色含量的同时，会增加其补色的含量。例如，我们将绿色通道调亮，可增加绿色，并减少其补色洋红色。了解了通道和颜色的这个规律以后，我们就可以利用通道来调整任意颜色了。通道还可以复制和粘贴，通道互相替换制作出幻彩效果的图像。

Photoshop 中有"通道混合器"调色命令，该命令可以将所选通道和我们需要调整的颜色通道混合，进而修改该颜色通道中的颜色含量，从而改变色彩。使用该命令可以将彩色图像转换为单色图像，或者将单色图像转换为彩色图像。

8.6.2　Lab 通道调色

Lab 模式是色域最广的颜色模式，许多高级技术都是先将图像颜色模式转换为 Lab 模式再处理图像，能达到其他图像模式所达不到的效果。该模式还有个突出的优点，即可将图像色彩和内容分配到不同通道中。它包含 L、a 和 b 通道，L 通道是明度通道，可以用来调整图像亮度，a 代表由绿色到红色的光谱变化，b 代表了由蓝色到黄色的光谱变化，对 a 通道或 b 通道调整可改变图像的色彩信息，如图 8-86 所示。如果我们将 a 通道调亮，则洋红色增加，绿色减少；如果将 b 通道调暗，则蓝色增加，黄色减少。如果原图像为黑白图像，则 a 和 b 通道为 50%灰色，当调整 a 或 b 通道的亮度时，图像就被转换为一种单色图像。

图 8-86

8.6.3 课堂案例四

本案例将晚霞天空、都市风景及人物背影素材进行合成，并将三者的色彩进行调整，使其形成色彩和谐的画面。大致过程：先将都市风景素材进行抠图并与晚霞天空素材合成，再将人物背影素材与其合成，并为人物背影素材添加光照效果，最后运用渐变映射、色彩平衡和照片滤镜等工具调整画面色彩。

原素材如图 8-87~图 8-89 所示。

图 8-87

图 8-88

合成后如图 8-90 所示。

图 8-89

图 8-90

操作步骤如下。

1. 在 Photoshop 中打开光盘目录"第 8 章/素材/思索"中素材"都市风景"，并用钢笔工具勾出图中天空部分轮廓，如图 8-91 所示。

2. 按下 Ctrl+Enter 快捷键将路径转换为选区，如图 8-92 所示。

3. 按下 Ctrl+Shift+I 快捷键将选区反选。为该层添加图层蒙版，如图 8-93 所示。

236

图 8-91

图 8-92

图 8-93

4. 将"晚霞天空"图层拖入该文档，置于"都市风景"图层下方。存储为"思索"文档，如图 8-94 所示。

图 8-94

5. 打开"第 8 章/素材/思索"中素材"人物背影"，用钢笔工具勾出人物及脚下踏板轮廓，如图 8-95 所示。

6. 按下 Ctrl+Enter 快捷键将路径转换为选区，如图 8-96 所示。

图 8-95

图 8-96

7. 按下 Ctrl+C 快捷键复制，回到"思索"文档，按下 Ctrl+V 快捷键粘贴。调整其大小及位置，效果如图 8-97 所示。

图 8-97

8. 在"都市风景"图层上方新建图层，用黑色画笔在边缘绘制黑色，压暗四周。在"人物背影"图层上方新建图层，用黑色画笔在踏板边缘绘制黑色阴影。绘制过程中注意调整画笔流量及透明度，如图 8-98 所示。

图 8-98

9. 新建"渐变映射"调整图层，颜色设置为预设颜色中如图 8-99 所示的颜色。调整后效果如图 8-100 所示。

10. 新建"照片滤镜"调整图层，颜色及参数设置如图 8-101 所示，效果如图 8-102 所示。

11. 新建"色彩平衡"调整图层，如图 8-103～图 8-106 所示。

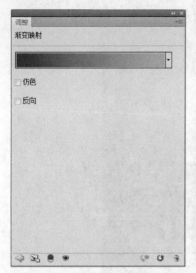

图 8-99

图 8-100

图 8-101

图 8-102

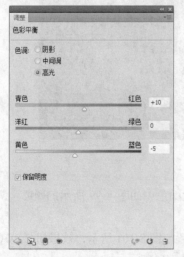

图 8-103

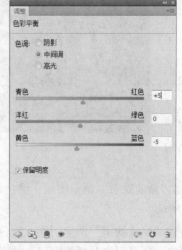

图 8-104

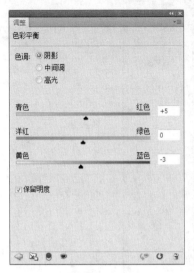

图 8-105

图 8-106

12. 对"人物背影"图层执行"滤镜"/"渲染"/"镜头光晕"操作，如图 8-107、图 8-108 所示。

图 8-107

图 8-108

13. 对"都市风景"图层执行"图像"/"调整"/"匹配颜色"命令，匹配源图层为"晚霞天空"图层。具体参数设置，如图 8-109 所示。

14. 再次修整天空与水面及建筑相衔接的部分，使其融合的更加自然。最终效果如图 8-110 所示。

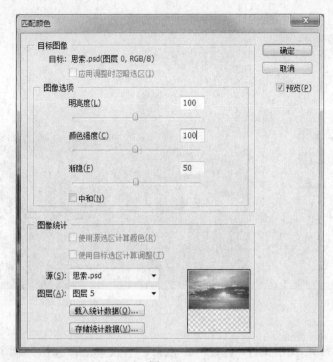

图 8-109

图 8-110

8.7 技能实训练习

一、本案例介绍简单的朝霞色的调色方法。大致过程为处理之前先根据素材图片的颜色构成来选择调色工具，如本案例的素材图片色调为蓝色，可以直接用通道混合器或色相/饱和度来调色，先把图片主色调成橙黄暖色，再简单加强图片的层次和细节即可。

调整前如图 8-111 所示：

图 8-111

调整后如图 8-112 所示：

图 8-112

要点提示：

1. 运用通道混合器和色相/饱和度把图像主色调成橙黄暖色；

2. 盖印图层，执行高斯模糊，图层叠加模式更改为柔光，降低该层不透明度；

3. 调出图像高光区，反选，复制出新图层，将图层叠加模式改为"正片叠底"，降低不透明度；

4. 运用曲线、色彩平衡或色相/饱和度等对画面整体效果进行微调。

　　二、本案例模拟反转负冲效果处理人物图像得到前卫的怀旧效果。反转负冲是胶片拍摄中比较特殊的一种手法，即用负片的冲洗工艺来冲洗反转片。大致过程为对图像各通道进行应用图像处理，得到怀旧画面效果，再运用色阶、曲线和色彩平衡等对画面整体效果进行调整。

调整前如图 8-113 所示：

调整后如图 8-114 所示：

图 8-113 图 8-114

要点提示：

1. 对图像的蓝、绿和红通道进行应用图像处理（蓝：反相，正片叠底，50%；绿：反相，正片叠底，20%；红：颜色加深，50%）；

2. 运用色阶、曲线和色彩平衡等对画面整体效果进行调整。

三、蓝色调是电影画面常用的色调，本案例介绍经典的深蓝色调色方法。大致过程为先把原图用渐变映射命令转成淡淡的黑白效果，然后在上层创建蓝色填充图层并改变图层混合模式，最后用曲线工具对画面整体效果进行调整。

调整前如图 8-115 所示：

图 8-115

调整后如图 8-116 所示：

图 8-116

要点提示如下。

1. 通过由黑色到白色渐变的渐变映射调整图层将图层调整为黑白色调，降低不透明度以保留部分原色。

2. 创建淡蓝色纯色图层，叠加模式为颜色加深，降低不透明度。用灰色画笔擦出人物皮肤颜色。

3. 运用曲线工具对画面整体效果进行调整。

四、本案例运用滤镜和调色工具相结合制作下图效果。大致过程为先用滤镜制作出斑点背景，然后利用格子滤镜转成格子效果，再用其他滤镜制作出边框线，最后利用颜色调整工具随意调整颜色。

完成效果如图 8-117、图 8-118 所示：

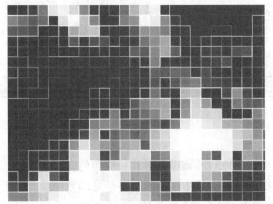

图 8-117

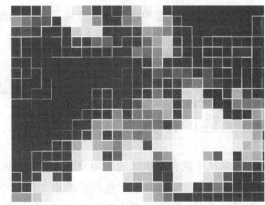

图 8-118

要点提示：

1. 执行滤镜中"云彩"、"点状化"、"马赛克"和"查找边缘"命令得到格子效果；

2. 执行"反相"使格子色彩更加鲜艳，运用色彩调整命令得到不同色彩效果。

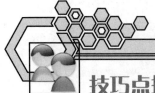

技巧点拨

1. 如果不希望调整图层对下方所有图层起作用，可以将其与被调整图层创建剪贴蒙版组，这样调整图层仅影响其下方的一个图层。调整图层可以在图像之间复制和粘贴。

2. 通道混合器命令可以将彩色图像转换为单色图像，或者将单色图像转换为彩色图像。

3. 键盘上的 D 键、X 键可迅速切换前景色和背景色。

4. 要把一个彩色的图像转换为灰度图像，通常的方法是用"图像"/"模式"/"灰度"或"图像"/"去色"命令。不过现在有一种方法可以让颜色转换成灰度时更加细腻。步骤是首先把图像转化成 Lab 颜色模式，然后到通道面板删掉通道 a 和通道 b，你就可以得到一幅灰度更加细腻的图像了。

5. 在"图像"/"调整"/"曲线"命令对话框中，按住 Alt 键，于格线内单击鼠标可以使格线精细或粗糙；按住 Shift 键并单击控制点可选择多个控制点，按住 Ctrl 键并单击某一控制点可将该点删除。

6. 选择油漆桶工具并按住 Shift 键单击画布边缘，即可设置画布底色为当前选择的前景色。如果要还原到默认的颜色，设置前景色为 25%灰度（R192，G192，B192）再次按住 Shift 键单击画布边缘。

7. 若要在屏幕上预览 RGB 模式图像的 CMYK 模式色彩时，可先执行"视图>新视图"命令，产生一个新视图后，再执行"视图/预览/CMYK"命令，即可同时观看两种模式的图像，便于比较分析。

8. 在色板调板中，按 Shift 键单击某一颜色块，则用前景色替代该颜色；按 Shift+Alt 快捷键单击鼠标，则在点击处前景色作为新的颜色块插入；按 Alt 键在某一颜色块上单击，则将背景色变该颜色；按 Ctrl 键单击某一颜色块，会将该颜色块删除。

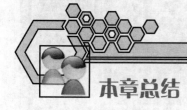

本章总结

本章从不同色彩模式的应用到图像基本色调和基本色彩的调整，再到特殊颜色模式的调整，系统地讲解了 Photoshop 颜色调整的相关知识和操作技能。其中"曲线"是色彩调整中最为强大的工具，可以对整幅画面的色调和色彩进行细微调整；"可选颜色"、"替换颜色"等命令可以对局部或指定颜色进行更改和调整。在 Photoshop 中，彩色图片可以变为黑白图片，黑白图片也可以调整为彩色图片。通过本章精选的四个相关案例，读者可以全面掌握 Photoshop 颜色调整的操作技能，并提高自己的审美能力，激发平面设计的创意思维。

第9章

滤镜的应用

滤镜是 Photoshop 中重要且不可分割的一部分功能，滤镜功能是平面设计中非常重要的功能之一，Photoshop CS5 的滤镜功能主要分为两部分，一部分是 Photoshop CS5 内置滤镜，是程序自带的滤镜；另一部分是第三方开发的外挂滤镜。Photoshop CS5 的滤镜种类很多，应用不同的滤镜功能，可以产生不同的图像效果。掌握滤镜的概念是我们学习 Photoshop 的基础。

本章以那些常用的重要内置及特殊滤镜为重点，详细介绍有关滤镜的各种功能及在实际中如何应用滤镜。

技能目标：
- 了解滤镜库的功能
- 掌握滤镜的应用方法
- 掌握滤镜的使用技巧
- 能够用滤镜工具制作特效

相关知识：
- 滤镜的功能
- 滤镜的使用规则
- 滤镜的使用技巧
- 滤镜库
- 常用滤镜的用法

9.1 滤镜的功能

滤镜的主要作用是实现图像的各种特殊效果，为图像添加许多精彩的视觉特效，它在 Photoshop 中具有非常神奇的作用。滤镜的操作比较简单，但想在适当的时候应用滤镜到合适的位置，通常需要同通道、图层、工具等联合使用，才能获得较好的艺术效果。除了平常的美术功底之外，还需要应用者对滤镜比较熟悉以及拥有非常强的操控能力，甚至需要具有很丰富的想象力。滤镜的功能非常强大，应用者需要在实践中不断积累经验，才能使应用滤镜的水平有较大的提高，从而创造出风格迥异的图像。

9.2 滤镜的使用规则

1. 在处理的图像上有选区的时候，Photoshop 只对选区应用滤镜；没有选区，只对当前图层或通道起作用。

2. 滤镜在处理图像的时候是以像素为单位的，所以，处理图像的效果与图像的分辨率有关。

3. 对图像执行完一个滤镜命令后，选择"编辑"/"渐隐"命令，将打开"渐隐"对话框。利用该对话框可将执行滤镜后的图像与原图像进行混合，可调整"不透明度"和"模式"两个选项。

4. 所有的滤镜都可以处理 RGB 模式下的图像。除了 RGB 以外的其他色彩模式下，只能使用部分滤镜，如 Lab 模式下，"像素化"、"艺术效果"等部分滤镜不能用。位图和索引颜色以及其他 16 位/通道的色彩模式下不能使用滤镜。

9.3 滤镜库

选择"滤镜"/"滤镜库"命令，出现"滤镜库"对话框，如图 9-1 所示。

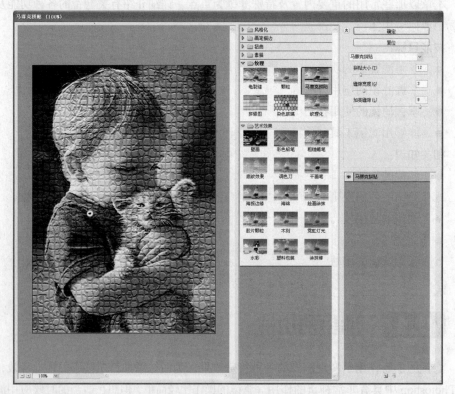

图 9-1

使用滤镜库的最大优点在于，可以同时对一个图像应用多个滤镜，也可以多次应用一个滤镜，效果直观，修改较方便，可以根据需要调整已应用的滤镜的顺序。

9.4　常用滤镜用法

在 Photoshop 中滤镜分为两类，内置滤镜和外挂滤镜。内置共 13 大类 100 多个滤镜；外挂滤镜是第三方软件厂商按标准插接结构所编写，比较著名的有 KPT 系列和 Eye Candy 系列滤镜。

9.4.1　内置滤镜

内置滤镜如图 9-2 所示。

1. 风格化

可以产生不同风格的印象派艺术效果，如图 9-3 所示。有些滤镜可以强调图像的轮廓，用彩色线条勾画出彩色图像边缘，用白色线条勾画出灰度图像边缘。

图 9-2　　　　　　　　　　　　　图 9-3

"查找边缘"滤镜可以用来查找图像的边缘，以显著的颜色强化图像的色彩边缘，从而使图像轮廓有铅笔勾画的效果。将图 9-4 执行该命令，得到的效果如图 9-5 所示。

"风"滤镜可以在图像上创建细小的水平线，从而使图像看起来类似于刮风的效果。将图 9-6 执行该命令，得到的效果如图 9-7 所示。

2. 画笔描边

可以使用不同的画笔和油墨笔接触产生似乎用画笔绘出的不同风格的绘画效果，如图 9-8 所示。

图 9-4

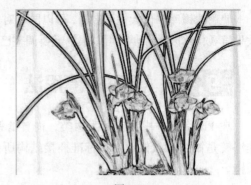

图 9-5

图 9-6

图 9-7

　　"墨水轮廓"滤镜可以对图像颜色边界用墨色加以沟通，产生墨水笔油墨风格。将图 9-9 执行该命令，得到的效果如图 9-10 所示。

图 9-8

图 9-9

3. 模糊

　　模糊滤镜可以模糊图像，这对修饰图像非常有用，是将图像中要模糊的硬边区域相邻近的像素值平均而产生平滑的过滤效果。可以柔化选区或图像，使图像的过渡显得非常柔和，如图 9-11 所示。

图 9-10

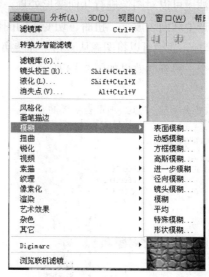

图 9-11

"动态模糊"能产生运动模糊效果，此滤镜效果可模拟拍摄运动物体产生运动效果。将图 9-12 执行该命令，得到的效果如图 9-13 所示。

图 9-12

图 9-13

"径向模糊"滤镜可以产生沿同心弧线模糊，然后指定旋转角度，旋转模糊类似于镜头聚集效果。也可以沿半径线从中心向外辐射的模糊效果，就像是放大或缩小图像。将图 9-14 执行该命令，得到的效果如图 9-15 所示。

图 9-14

图 9-15

4. 扭曲

扭曲滤镜可以对图像进行几何变形处理，改变原图像的像素分布状态，以创建三维或其他变换效果，产生球面、波纹、扭曲、切变等的图像变形，如图 9-16 所示。

"极坐标"滤镜可以将图像从直角坐标转换成极坐标，或是由极坐标变成直角坐标。将图 9-17 执行该命令，得到的效果如图 9-18 所示。

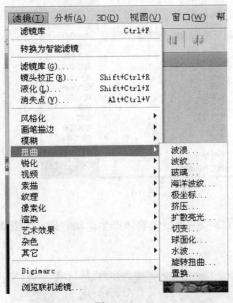

图 9-16

图 9-17

"旋转扭曲"滤镜可以图像中心为基点，能使图像产生旋转的效果。将图 9-19 执行该命令，得到的效果如图 9-20 所示。

图 9-18

图 9-19

5. 锐化

锐化滤镜可以通过增加相邻像素的对比度而使图像轮廓分明，模糊的图像变清晰，如图 9-21 所示。

使用"锐化"滤镜组中的"锐化"滤镜，可以使图像边缘有明显反差，往往要执行多次才能有明显的效果。将图 9-22 执行该命令，得到的效果如图 9-23 所示。

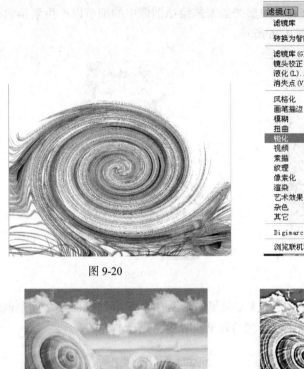

图 9-20

图 9-21

图 9-22

图 9-23

6．素描

素描滤镜可以给图像增加各种艺术效果的纹理，产生类似于素描等艺术效果，如图 9-24 所示。这组滤镜仅对 RGB 或灰度模式的图像起作用。

图 9-24

"绘图笔"滤镜可以使用精细的直线油墨线条来描绘原图像中的细节以产生素描效果。将图 9-25 执行该命令，得到的效果如图 9-26 所示。

图 9-25   图 9-26

"影印"滤镜能使图像产生一种影印的效果，只复制图像的暗色调区域，而在中间色调以黑色或白色进行填充。将图 9-27 执行该命令，得到的效果如图 9-28 所示。

图 9-27   图 9-28

7．纹理

纹理滤镜可以为图像添加具有深度感和材料感的各种样式纹理效果图案，如图 9-29 所示。

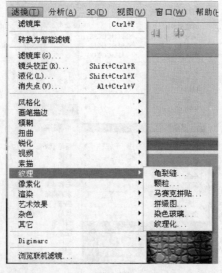

图 9-29

　　"拼缀图"滤镜可以产生建筑瓷片的拼贴效果,将图像拆分为整齐排列的方块,随机调节拼贴的深度,来表现立体效果。将图 9-30 执行该命令,得到的效果如图 9-31 所示。

图 9-30

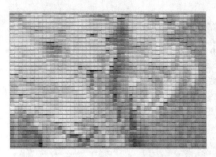

图 9-31

　　"染色玻璃"滤镜可把图像重新绘制不规则的彩色玻璃格子的图案效果。格子颜色与像素值关联,格子边缘色用前景色描绘。将图 9-32 执行该命令,得到的效果如图 9-33 所示。

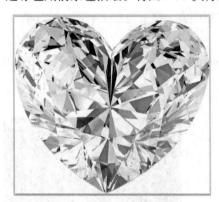

图 9-32

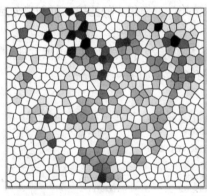

图 9-33

8. 像素化

　　像素化滤镜可以将图像分块进行处理,使用指定单元格中相近颜色值的像素结块,重新定义图像,如图 9-34 所示。

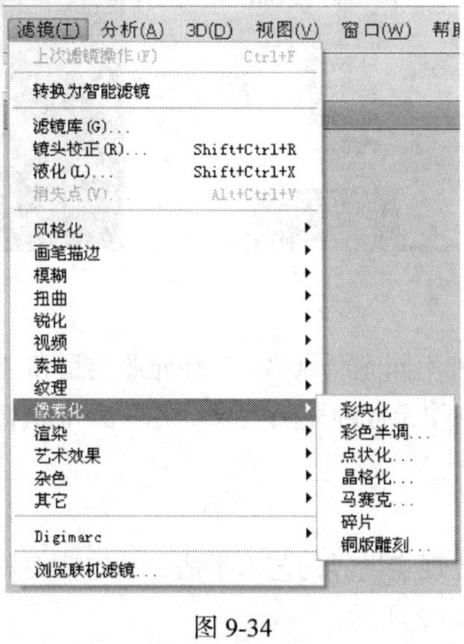

图 9-34

"彩色半调"滤镜可以在图像的每个通道中产生扩大的圆形网点的效果。将图 9-35 执行该命令，得到的效果如图 9-36 所示。

图 9-35

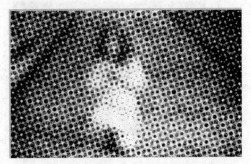
图 9-36

9. 渲染

使用"渲染"滤镜组中的滤镜，可创建分层云彩图案、镜头光晕图案和光照效果，如图 9-37 所示。

"镜头光晕"滤镜可以创建用于模拟其他灯具所发射出的直射耀眼光晕效果。将图 9-38 执行该命令，得到的效果如图 9-39 所示。

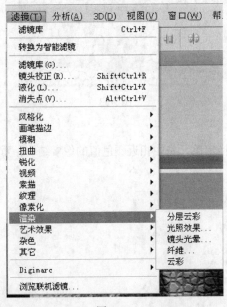
图 9-37

图 9-38

"光照效果"滤镜包含 17 种不同光照风格，3 种光照类型和 4 组光照属性。该滤镜可以使用各种类型光源照射在图像上，制作无数种光照效果。将图 9-40 执行该命令，得到的效果如图 9-41 所示。

10. 艺术效果

艺术效果滤镜可以模拟多种现实世界的艺术手法，制作精美的艺术绘画效果，也可以制作用于商业的特殊效果图像，如图 9-42 所示。

图 9-39   图 9-40

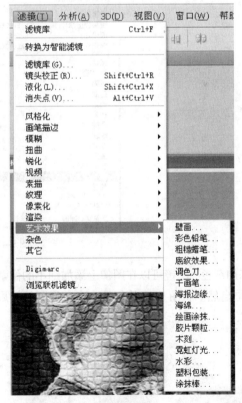

图 9-41   图 9-42

"木刻"滤镜可以可以将图像变为高对比度的图像，图像描绘成由粗糙剪下的彩色纸片组成的效果，使图像看起来好象一幅彩色剪影图。将图 9-43 执行该命令，得到的效果如图 9-44所示。

图 9-43 图 9-44

11. 杂色

杂色滤镜可以添加或移去图像中的杂色，可以创建不同寻常的纹理或修饰图像中有缺陷的区域，如图 9-45 所示。

图 9-45

"添加杂色"滤镜可以在图像上添加细小的像素颗粒，用于消除经修饰后留下的痕迹，使图像看起来更自然。将图 9-46 执行该命令，得到的效果如图 9-47 所示。

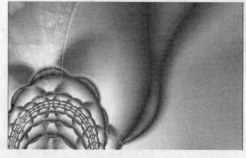

图 9-46 图 9-47

12.其他

这类滤镜不能简单分类，使用它们可构造一些特殊效果，如图 9-48 所示。

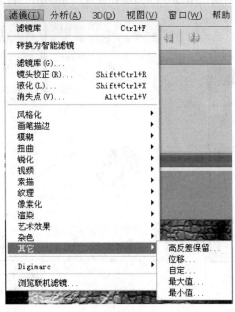

图 9-48

使用"位移"滤镜，能够将图像在水平或垂直方向上分别移动精确的距离。将图 9-49 执行该命令，得到的效果如图 9-50 所示。

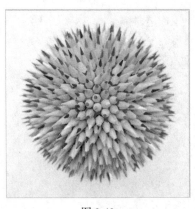

图 9-49

图 9-50

9.4.2　外挂滤镜

1.外挂滤镜的安装

Photoshop 除了提供上述滤镜效果之外，还支持外挂滤镜。与 Photoshop 内部滤镜不同的是，外挂滤镜需要用户自己手动安装。外挂滤镜安装后，会出现在"滤镜"菜单的底部。

外挂滤镜分为两种，一种是进行了封装的、可以让安装程序安装的外挂滤镜，另外一种是直接复制到"Plug-Ins"目录下的外挂滤镜。

安装被封装的滤镜，用户只需要在安装过程中根据提示选择 Photoshop 的滤镜目录即可，下次进入 Photoshop 后便可以使用，如图 9-51、图 9-52 所示。第二种外挂滤镜的安装方法是，直接将滤镜文件及其附属文件复制到"Adobe Photoshop CS5\Plug-Ins"目录下即可。

图 9-51

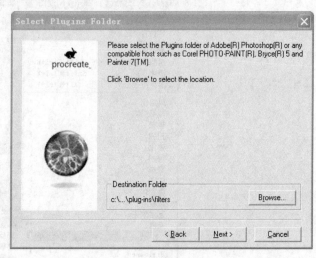
图 9-52

2．外挂滤镜的使用

以安装 KPT 外挂滤镜为例，外挂滤镜安装后需要再次进入 Photoshop 时才可以使用。使用方法：打开要处理的图像文件，单击"滤镜"菜单，在底部已列出 KPTeffects 的外挂滤镜列表中，如图 9-53 所示。

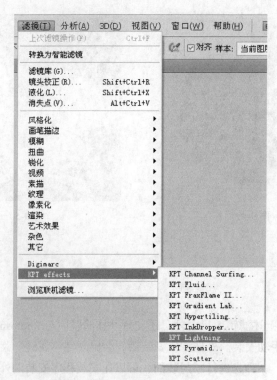
图 9-53

选择需要的滤镜 KPT Lightning 单击，即可给图像文件应用该滤镜效果，如图 9-54、图 9-55 和图 9-56 所示。

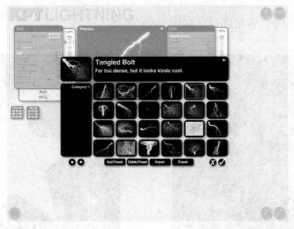

图 9-54

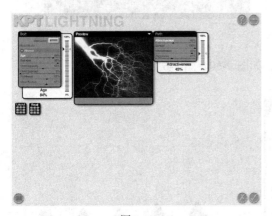

图 9-55

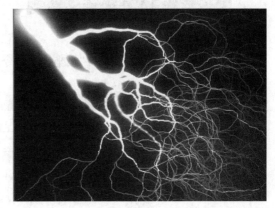

图 9-56

9.5　滤镜的应用实例

9.5.1　课堂案例一

这是一个星光万丈的效果图形，每次制作的时候，出来的效果有所不同，有些滤镜的效果是随机形成的，但主要的思路是一致的。主要过程：先用多边形工具绘制五角星，并将其转换为选区填充白色，然后使用极坐标滤镜、风滤镜、动感模糊滤镜、径向模糊滤镜等，再应用图层样式，后期再经过调色做出星光万丈的混合效果。

最终效果如图 9-57 所示。

操作步骤如下。

1. 新建文件，大小 500 像素×500 像素，分辨率 72，其他

图 9-57

不变。

2. 使用多边形工具绘制五角星，并勾选选项栏内"星形"，并将其转换为选区保存。如图 9-58 所示。

3. 新建图层 1，用白色填充选区，如图 9-59 所示。

图 9-58

图 9-59

4. 执行"滤镜"/"扭曲"/"极坐标"命令，如图 9-60、图 9-61 所示。

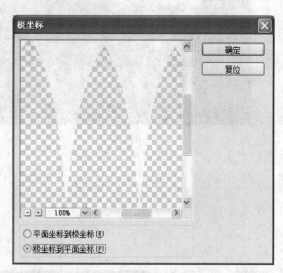
图 9-60

图 9-61

5. 执行"图像"/"图像旋转"命令，旋转 90 度（逆时针），应用命令"滤镜"/"风格化"/"风"，方法选择"风"，方向选择"从左"，按"Ctrl+F"快捷键重复两次，如图 9-62、图 9-63 所示。

6. 执行"滤镜"/"模糊"/"动感模糊"命令，距离 100，修饰图形，如图 9-64、图 9-65 所示。

7. 执行"图像"/"图像旋转"命令，旋转 90 度（顺时针），执行"滤镜"/"扭曲"/"极坐标"命令，如图 9-66、图 9-67 所示。

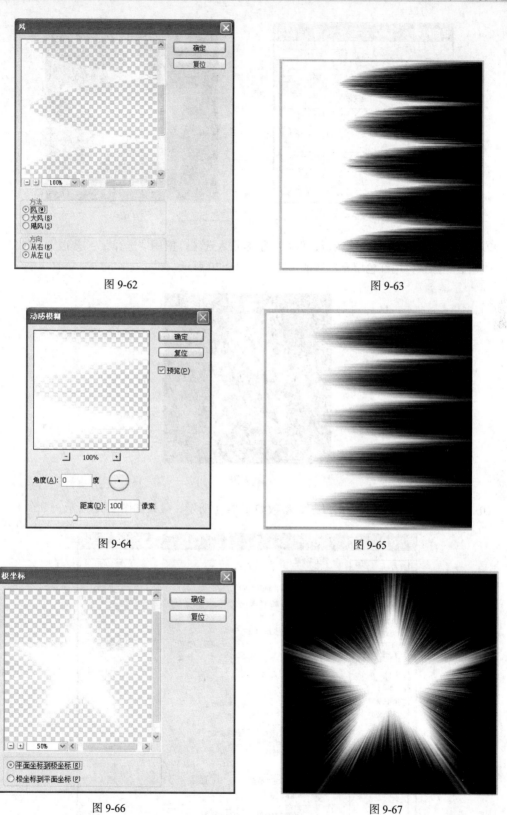

图 9-62   图 9-63

图 9-64   图 9-65

图 9-66   图 9-67

8. 执行"滤镜"/"模糊"/"径向模糊"命令，数量 100，如图 9-68、图 9-69 所示。

图 9-68

图 9-69

9. 新建图层 2，点击路径调板，重新将星形载入选区，使用"选择"/"修改"/"收缩"命令，收缩量 5 像素，用红色填充，取消选区，如图 9-70 所示。

图 9-70

10. 添加图层样式"斜面和浮雕"，参数如图 9-71 所示，效果如图 9-72 所示。

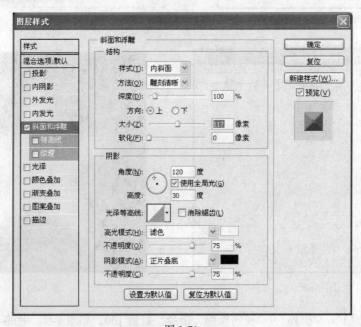

图 9-71

264

图 9-72

11. 选择图层 1，创建调整图层，使用"色彩平衡"命令调整图像，参数如图 9-73、图 9-74 所示。

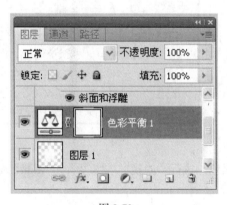

图 9-73

图 9-74

12. 选中图层 1，多次执行"滤镜"/"模糊"/"径向模糊"命令，数量 100，如图 9-75 所示。

13. 复制图层 1，最终效果如图 9-76 所示。

图 9-75

图 9-76

9.5.2 课堂案例二

这是一个用滤镜制作的效果图。主要过程：先用路径工具制作选区，然后用径向模糊及扭曲滤镜把背景做成旋转的光束，后期再经过调色、复制、叠加等做出多层叠加的混合效果。

操作步骤如下。

1. 新建像素文档，填充黑色背景。新建图层 1，画出如图 9-77 所示的选区。

2. 对选区执行羽化 26，填充绿色。执行"滤镜"/"模糊"/"径向模糊"命令。按 Ctrl+F 快捷键几次得到以下效果，如图 9-78、图 9-79 所示。

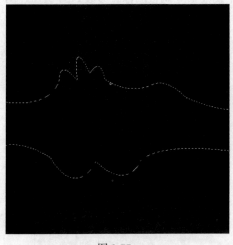

图 9-77

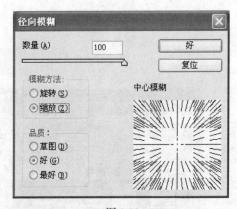

图 9-78

3. 新建图层 2，前景色为绿色，背景色为黑色，执行"滤镜"/"渲染"/"云彩"命令，如图 9-80 所示。

图 9-79

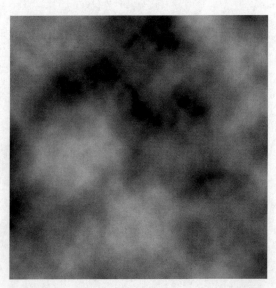

图 9-80

4. 执行"滤镜"/"模糊"/"径向模糊"命令，按 Ctrl+F 快捷键，如图 9-81 所示。

5. 将图层混合模式改为"柔光"，如图 9-82 所示。

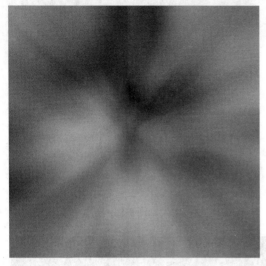

图 9-81

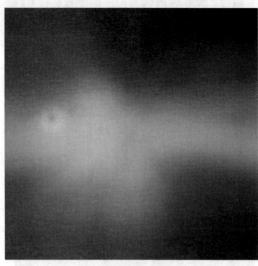

图 9-82

6. 新建图层 3，用钢笔工具画出路径，并改成选区，羽化 5，填充黄色，如图 9-83 所示。

7. 新建文档，454 像素×454 像素，做出如图 9-84 所示彩条图形。

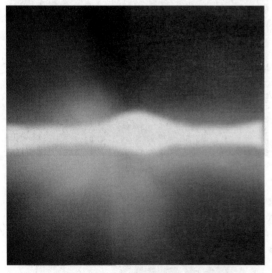

图 9-83

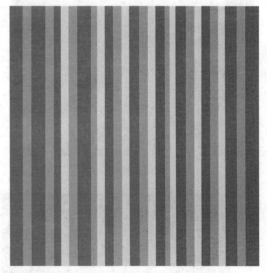

图 9-84

8. 执行自由变换命令、复制三个副本，得到如图 9-85 所示。

9. 执行"滤镜"/"扭曲"/"极坐标"命令，选择"平面坐标到极坐标"，如图 9-86 所示。

10. 用加深、减淡工具进行修饰，得到如图 9-87 效果，并将其拖入原文件中。

11. 将图层混合模式为"强光"，如图 9-88 所示。

12. 新建图层 4，用钢笔工具画出高光，如图 9-89 所示。

13. 新建图层 5，按 Ctrl+Alt+Shift+E 快捷键盖印图层，执行"滤镜"/"扭曲"/"极坐标"命令，如图 9-90、图 9-91 所示。

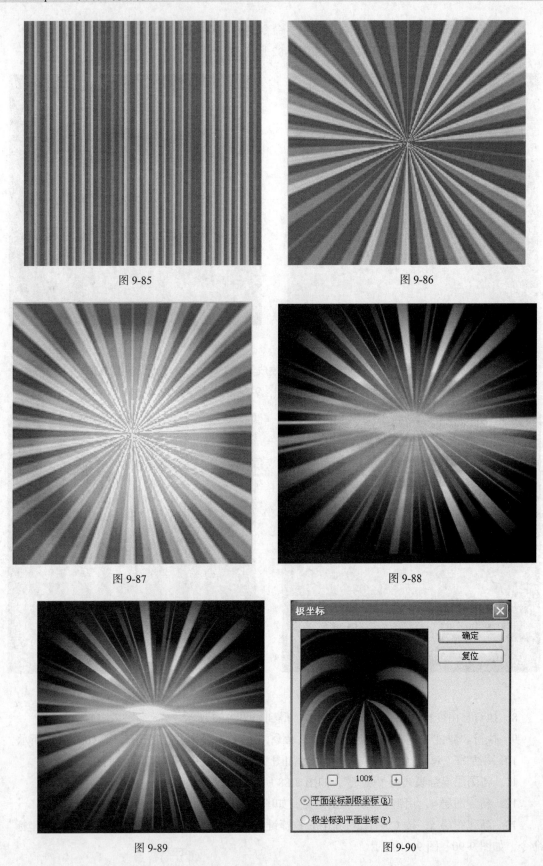

图 9-85

图 9-86

图 9-87

图 9-88

图 9-89

图 9-90

14. 由于图像效果不自然，选择椭圆工具画椭圆，羽化 6，使用"滤镜"/"模糊"/"径向模糊"命令，如图 9-92、图 9-93 和图 9-94 所示。

图 9-91

图 9-92

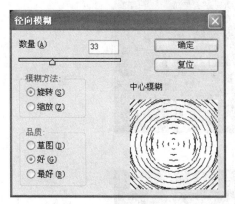

图 9-93

图 9-94

15. 按 Ctrl+Alt+Shift+E 快捷键盖印图层，在此图层下再新建一个图层 0，并填充黑色。回到盖印图层，按 Ctrl+T 快捷键改变大小，如图 9-95 所示。

16. 按 Ctrl+J 快捷键复制图层，按 Ctrl+T 快捷键执行自由变换，在属性栏上设置高 94%、角度 10，如图 9-96 所示。

17. 按 Ctrl+T 快捷键，调整角度，复制副本，执行"编辑"/"变换"/"水平翻转"命令，如图 9-97 所示。

18. 选择图层 0，建立矩形选区，羽化 32，执行"滤镜"/"杂色"/"添加杂色"命令，如图 9-98 所示。

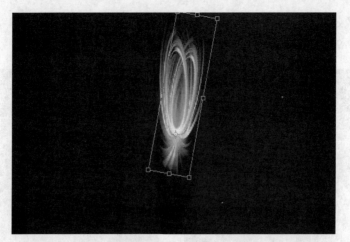

图 9-95

图 9-96

图 9-97

19. 选择文字工具，输入字母 "cherish memoties"，字体为 "monotype corsiva"，字体 RGB 为（R:215，G:150，B:146），如图 9-99 所示。

图 9-98　　　　　　　　　　　　　　　　　图 9-99

20. 添加图层样式 "外发光、斜面和浮雕、图案叠加"，如图 9-100、图 9-101 所示。

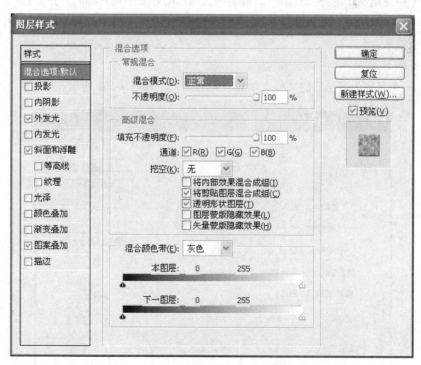

图 9-100

21. 将图层 0 混合模式改为 "变亮"，最终效果如图 9-102 所示。

图 9-101

图 9-102

9.5.3 课堂案例三

这是一个用滤镜制作的特殊效果图。可能每次制作的效果图略有不同。主要过程：先用镜头光晕和极坐标滤镜制作球状效果背景，然后用旋转画布工具及极坐标滤镜，后期再通过调色、复制等做出多个效果。

操作步骤如下。

1. 新建一个名称为多彩球的文件。填充背景为黑色，如图 9-103 所示。

图 9-103

2. 在菜单栏选择"滤镜"/"渲染"/"镜头光晕"命令，在子菜单中选择 105 毫米聚焦，调节亮度，如图 9-104 所示。

3. 在菜单栏中选择"滤镜"/"扭曲"/"极坐标"命令，在子菜单中选择极坐标到平面坐标，如图 9-105 所示。

图 9-104

图 9-105

4. 在菜单栏中选择"图像"/"图像旋转"命令，选择旋转 180 度，如图 9-106 所示。

5. 在菜单栏中选择"滤镜"/"扭曲"/"极坐标"选项，在子菜单选择"平面坐标到极坐标"，如图 9-107 所示。

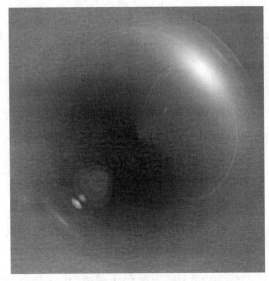

图 9-106

图 9-107

6. 复制 5 个，调节图像大小、位置和颜色，并为背景填充渐变效果，完成绘制，最终效果如图 9-108 所示。

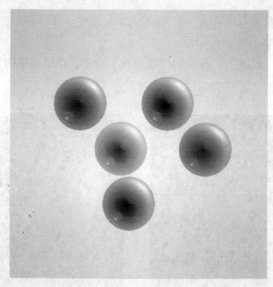

图 9-108

9.5.4 课堂案例四

这是一个使用 3D 滤镜设计潮流立体字的效果图，制作的时候只需要输入文字内容，然后直接用 3D 滤镜立体化，后期再渲染一下颜色，调整好透视即可。最终效果如图 9-109 所示。

图 9-109

操作步骤如下。

1. 新建文档，大小 1280 像素×1024 像素，新建图层 1，填充 RGB 为（R:209，G:244，B:254），如图 9-110、图 9-111 所示。

2. 为图层 1 添加图层蒙版，如图 9-112 所示。

3. 选择文字工具，输入文字 HAPPY，字体为 impact，字号 260 点，如图 9-113 所示。

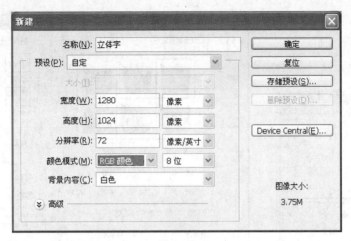

图 9-110

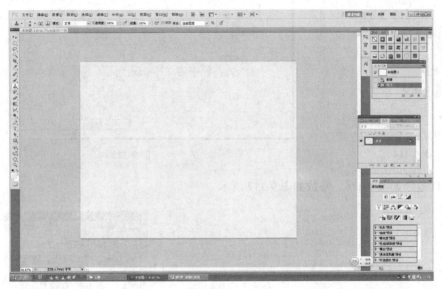

图 9-111

图 9-112

图 9-113

4. 从菜单执行"窗口"/"3D"命令，单击创建按钮，如图 9-114 所示。

5. 在出现的界面上，选择左上框内的图标，其他设置默认即可，如图 9-115 所示。

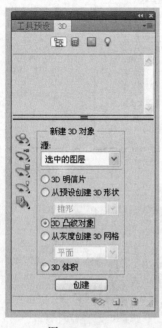

图 9-114

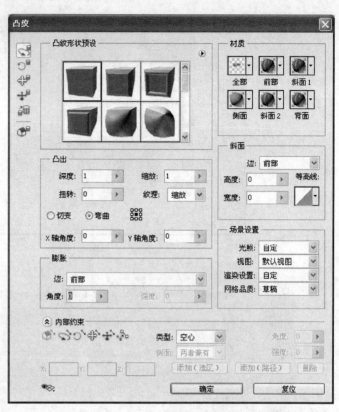

图 9-115

6. 3D 效果如图 9-116，参数如图 9-117 所示。

图 9-116

图 9-117

7. 设置 3D 场景，画面会出现一个方向轴，将文字旋转，如图 9-118 所示。

图 9-118

8. 设置发光色，将发光改成白色，其他不变，如图 9-119、图 9-120 所示。

图 9-119

图 9-120

9. 框内的选项设置不变，调整好角度和位移，设置光照角度，改变凸出材质的颜色 RGB 为

（R:201，G:99，B:67），如图 9-21 所示。立体字效果如图 9-122 所示，设置如图 9-123 所示。

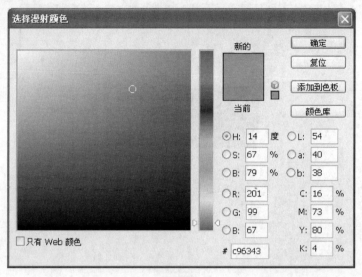

图 9-121

图 9-122

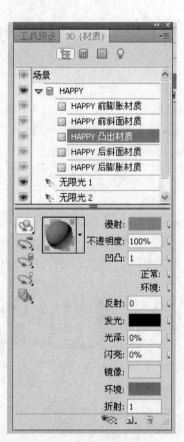

图 9-123

10. 单击场景，品质选择光线跟踪最终效果，这时会出现一个蓝色田字格在画面上晃悠，类似 3D 软件渲染，根据电脑配置，过 30 秒左右即可完成，如图 9-124、图 9-125 所示。

11. 为图层 1 添加蒙版，用渐变工具选择"径向渐变"编辑蒙版，如图 9-127 所示。

图 9-124

图 9-125

图 9-126

图 9-127

12. 复制 HAPPY 图层，将图层不透明度为 35%。按 Ctrl+T 快捷键变换垂直翻转，做出倒影。如图 9-128 所示。

13. 立体字底部建新图层，画一椭圆选区，填充 RGB 为（R:79，G:25，B:8），如图 9-129 所示。

14. 执行自由变换，选择"滤镜"/"模糊"/"高斯模糊"命令，半径 1.5 像素，添加蒙版，用线性渐变编辑蒙版使两端渐隐，再添加一个曲线调整图层加暗图像，效果如图 9-130、图 9-131 所示。

279

图 9-128

图 9-129

图 9-130

图 9-131

15. 将课堂案例三中图片导入文件中，效果如图 9-132 所示。

图 9-132

9.6 技能实训练习

一、在本案例中主要学习如何创建一个石砖地面效果，如图 9-133 所示。我们将使用选择工具、定义图案、图案图章工具、滤镜等来达到这种效果。

最终效果：

要点提示：

1. 建立白色画布，绘制出正方形小格选区，将选区填充为黑色；

2. 执行"选择"/"变换选区"/"收缩"命令，将选区填充为白色；

3. 选择原正方形选区，选择"编辑"/"定义图案"命令，要将选区内部重新填充为白色；

图 9-133

4. 新建图层 1，后按键盘的 Alt+Delete 快捷键，填充黑色；

5. 单击层面板上的新建蒙版按钮，建立一个白色蒙版；

6. 选择图案图章工具，选择定义图形，在蒙版上进行绘制，得到了白线黑格方式的图形；

7. 图层 1，选择"滤镜"/"风格化"/"浮雕效果"命令。选择蒙版后，按键盘上的 Ctrl+I 键（反相）。

8. 根据需要，还可以选择"调整"/"色彩平衡"或"色相饱和度"等命令进行颜色的调整。

二、本案例是制作旋转光束的图形效果，每次制作的时候，出来的效果有所不同。主要过程：先用滤镜制作一些破碎的黑白纹理背景，然后用径向模糊及扭曲滤镜把背景做成旋转的光束，后期再经过调色、复制、叠加等做出多层叠加的混合效果。

最终效果如图 9-134 所示。

操作步骤如下。

1. 新建文件，大小为 500 像素×500 像素，分辨率 72。

2. 设置前景与背景黑白颜色，执行"滤镜"/"渲染"/"云彩"命令。

3. 执行"滤镜"/"像素化"/"铜版雕刻"命令，类型选择"短描边"。

4. 执行"滤镜"/"模糊"/"径向模糊"命令，数量 100、模糊方法"缩放"。

5. 按 Ctrl+F 快捷键重复一次，执行"滤镜"/"扭曲"/"旋转扭曲"命令，角度 130。

图 9-134

6. 执行"滤镜"/"锐化"/"USM 锐化"命令，数量 500、半径 1、阈值 1。

7. 调整图层色彩平衡（-60、12、0），复制背景图层。

8. 对背景副本执行"滤镜"/"扭曲"/"旋转扭曲"命令，角度-256。

9. 调整图层色彩平衡（42、-52、79）。

10. 将图层的混合模式改为"变亮"。

三、在本案例中主要学习如何用滤镜工具打造晶体球的效果。我们将使用各种滤镜和混合模式达到这种效果。

最终效果如图 9-135 所示。

要点提示如下。

1. 新建文件填充黑色，执行"滤镜"/"渲染"/"镜头光晕"命令，光晕中心略偏中心。镜头类型选择 105 毫米聚焦，亮度 150。

2. 执行"滤镜"/"扭曲"/"极坐标"命令，执行"滤镜"/"扭曲"/"玻璃"命令，选择小镜头纹理。

3. 选择工具做正圆选区，执行"滤镜"/"扭曲"/"球面化"命令，数量 100。

4. 按 Ctrl+J 复制新图层，下面图层应用样式渐变叠加。执行"滤镜"\"锐化"\"USM 锐化"。

5. 编辑合适的球体托盘。

四、在本案中使用滤镜和减淡加深工具制作逼真的木质纹理效果。先用滤镜效果制作出木质的大致形状，然后再经过调整亮度和对比度及减淡加深工具涂抹即可。

最终效果如图 9-136 所示。

图 9-135

图 9-136

要点提示如下。

1. 新建文件，大小为 300 像素×500 像素，分辨率 72。

2. 设置前景 185 144 90 与背景 135 88 36，执行"滤镜"/"渲染"/"云彩"命令。

3. 执行"滤镜"/"杂色"/"添加杂色"。数值 20，高斯分布，勾选单色。

4. 执行"滤镜"/"模糊"/"动感模糊"命令。角度 90，距离 999。

5. 使用矩形选框工具，在任意处做矩形选区。执行"滤镜"/"扭曲"/"旋转扭曲"角度为默认。多次重复框选部位，分别按 Ctrl+F 键，执行扭曲滤镜。

6. 执行"图像"/"调整"/"亮度对比度"。亮度值为 78，对比度值为 18。

7. 使用加深或减淡工具，属性设置中间调，曝光度 10，在木纹较复杂的位置反复涂抹。

五、在本案中使用"查找边缘"滤镜显示图像的轮廓，选择线条清晰的通道复制并粘贴到新文件中，然后利用"色调分离"和"色阶"功能得到版画图像，将版画图像作为纹理载入得到最终效果。

最终效果如图 9-137 所示。

要点提示：

1. 打开"第 9 章/素材/木版画效果"中的花朵；

2. 用"滤镜"/"风格化"/"查找边缘"命令勾勒出图像的边缘；

3. 选择较清晰地图像通道，复制该通道；

4. 新建文件，将复制到粘贴板上的图像粘贴过来；

5. 利用色阶调整图像；

6. 将图像编辑描边，存储为 PSD 格式文件；

7. 选择"滤镜"/"纹理化"命令载入。

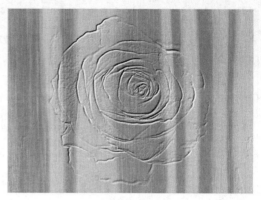

图 9-137

技巧点拨

要想熟练地使用滤镜制作出所需的图像效果，还需要掌握如下几个使用技巧。

1. 只对局部图像进行滤镜效果处理时，可以对选区设定羽化值，使处理的区域能自然地与相邻部分融合。

2. 可以对单独的某一图层图像或者是通道应用滤镜，然后通过色彩混合合成图像。

3. 多个滤镜效果可记录成一个"动作"。

4. 按 Ctrl+F 快捷键，可以在图像中重复应用上次使用过的滤镜；按 Alt+Ctrl+F 快捷键，可打开上次应用滤镜的参数设置对话框，用户可以重新设置参数并应用到图像中。

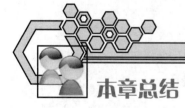

本章总结

本章根据设计原则通过 5 个设计实例讲述了千变万化的滤镜效果应用。通过本章的学习，读者应了解 Photoshop 滤镜的一般特点与使用规则，并掌握 Photoshop 典型滤镜的用法。在 Photoshop 中，滤镜是一项非常强大的功能，它使用起来也非常简单，但要运用得恰到好处却并非易事。要想学好并灵活运用滤镜功能，没有捷径可取，只有在实践中多摸索、多实践。这样不仅能知晓相关设计理论知识，更能对 Photoshop 操作技能有一个全面的理解和提升。

第10章

综合设计

通过前面各个章节的学习，我们已经掌握了 Photoshop 的基本功能和基础操作。但是对于使用 Photoshop 从事专业平面设计工作的设计师来说，想要创作出优秀的专业设计作品，这些还远远不够。为了提高我们的专业设计能力和技能，本章将针对平面设计的各个领域，讲述海报设计、包装设计、书籍装帧设计、网页设计和图标设计的基本概念以及设计原则和要点，并精选相应的商业案例，详细介绍 Photoshop 在实际设计应用中的操作应用方法和操作技巧。希望借此能帮助大家激发创意灵感，掌握相关设计理论知识和操作技能。

本章既能巩固 Photoshop 基础操作知识，又能深入理解通道、蒙版、滤镜等各项核心功能和技术，在内容上能够保证知识的全面性，而且能够提高自己的设计水准，进入 Photoshop 的更高学习层次。

技能目标：

- 掌握海报设计的设计要点并能够进行各类海报设计
- 掌握包装设计的设计要点并能够进行各类包装设计
- 掌握书籍装帧设计的设计要点并能够进行各类书籍设计
- 掌握网页设计的设计要点并能够进行各类网页设计
- 掌握图标设计的设计要点并能够进行各类按钮图标设计

相关知识：

- 海报设计相关知识
- 包装设计相关知识
- 书籍设计相关知识
- 网页设计相关知识
- 图标设计相关知识

10.1　海报设计

海报是现代视觉艺术的中心主流,是现代社会有效的广告传播媒体之一。海报所涉及的商业、文化、公益等内容充分反映了不同地域文化与不同设计风格面貌,体现出海报设计具有强烈的跨国界、跨民族、跨地域的情感互动能力与艺术感染力。

10.1.1　海报设计概述

海报的应用范围很广,诸如商品展览、书展、音乐会、戏剧、运动会、时装表演、电影、旅游、慈善、或其他专题性的事物,都可以利用海报做广告宣传。海报又称"招贴",是一种在户外如马路、码头、车站、机场、运动场或其他公共场所张贴的速看广告。由于海报的幅度比一般报纸广告或杂志广告大,从远处就可以吸引大家的注意,因此它在宣传媒介中占有很重要的位置。

10.1.2　海报设计要点

海报是视觉传递的媒介,是简单的视觉形象与文字说明的结合。通过设计将主体创意图形和文字编排生动地组织在一起、设计出彰显个性突出而又达到商业和视觉目的,是海报需要达到的效果。

(1)海报的造型与色彩必须有和谐统一的效果,整个画面要具有魄力感与均衡效果。

(2)海报的构成要素必须化繁为简,尽量挑选重点来表现,各元素的形象和色彩必须简单明了。形式或形象相对简洁的图形,其表达对象相对明确,在理解上不容易产生歧义。

(3)海报讲求创意,无论在形式上或内容上都要出奇创新,需要设计者用敏锐的观察力,在思维上打破习惯印象的恒常心理,挖掘平凡事物中的关联性去发现其新的内涵,让招贴作品出奇制胜,令人耳目一新,印象深刻。

(4)海报的信息传达需诚实,海报在诚实可信基础上,越美化,越能获得美感。如果言过其实,甚至欺骗消费者,则越美化,越使人感到丑恶。

(5)海报要达到优良的审美效果,必须十分重视各种艺术表现手法。如在文字语言的艺术处理上,要力求准确、生动和精炼,并注意其形象性;在招贴广告的画面处理上,依据传达商品信息的不同需要而采用不同的表现手法,包括写实法、夸张法、寓意法、比喻法等。

(6)海报设计的表现应注重多种图像表现形式的混合应用。多种图像表现形式是形式创新的有效手段,这种方式往往会令海报图像产生新奇的效果。如手绘与摄影图像的结合、手绘与电脑图像的混合、摄影图像与电脑图像结合等。

10.1.3　课堂案例一

本案例制作电影《SHE》海报。电影海报设计需要与影片风格相符合,素材选区和画面色调上要注意突出影片的气氛和特色。本案例主要运用图层叠加方式和图层蒙版来完成画面效果。大致过程:先完成人物面部图层效果,再合成背景,最后添加相应文字信息,完成最后效果,如图 10-1 所示。

操作步骤如下。

1. 打开"第 10 章/素材/电影海报设计"中的"人物"素材，如图 10-2 所示。

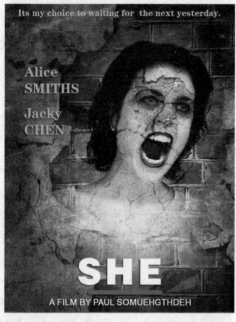

图 10-1

图 10-2

2. 导入"第 10 章/素材/电影海报设计"中的"破洞"素材。调整破洞位置与大小，放置于人物双眼位置。更改图层叠加方式为"正片叠底"，如图 10-3 所示。

3. 为该图层添加蒙版，用黑色画笔将破洞周围的部分隐藏，使其与下层人物图层融合更为贴切，如图 10-4 所示。

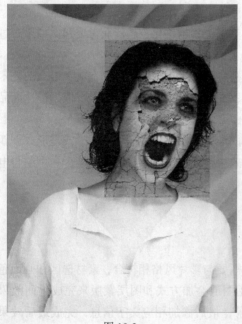

图 10-3

图 10-4

4. 导入"第 10 章/素材/电影海报设计"中的"干裂"素材。调整其位置与大小使其完全覆盖人物皮肤部分。更改图层叠加方式为"叠加",如图 10-5 所示。

5. 为该图层添加蒙版,用黑色画笔将皮肤外的干裂部分隐藏,如图 10-6 所示。

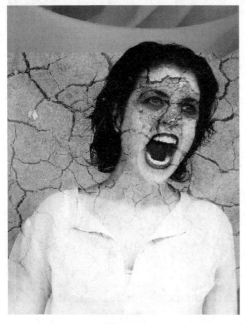
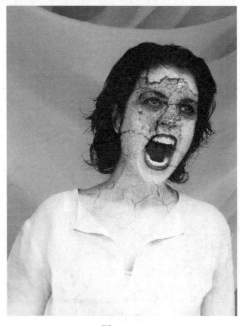

图 10-5　　　　　　　　　　　　　　　　图 10-6

6. 导入"第 10 章/素材/电影海报设计"中的"背景"素材。调整其位置与大小使其与人物图层一致。更改图层叠加方式为"强光",如图 10-7 所示。

7. 为该图层添加蒙版,用黑色画笔将面部、头发及皮肤部分擦出来,如图 10-8 所示。

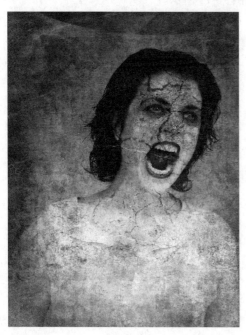
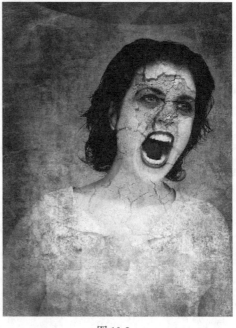

图 10-7　　　　　　　　　　　　　　　　图 10-8

8. 导入"第 10 章/素材/电影海报设计"中的"墙壁"素材。调整位置如下，更改图层叠加方式为"叠加"，如图 10-9 所示。

9. 为该图层添加蒙版，用黑色画笔将面部、头发及皮肤部分擦出来，如图 10-10 所示。

图 10-9

图 10-10

10. 为人物层添加图层蒙版，用黑色和灰色画笔将人物露出红砖部分外的部分擦除，效果如图 10-11 所示。

11. 输入影片片名"SHE"，字体为"方正超粗黑简体"。颜色为白色。调整字体大小及位置。为其添加投影效果，如图 10-12 所示。参数设置如图 10-13 所示。

图 10-11

图 10-12

12. 新建图层，用"自定形状工具"绘制星星形状，用矩形工具绘制矩形，填充颜色为红色。为该层添加投影效果，如图 10-14、图 10-15 所示。参数设置同上。

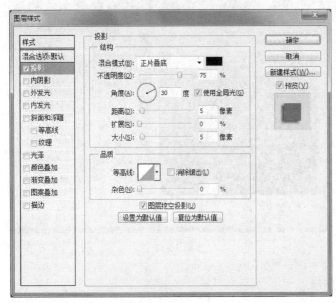

图 10-13

图 10-14

13. 在形状图层下输入文字信息。字体为"Arial"，颜色为白色。为其添加投影效果，如图 10-16 所示，参数设置同上。

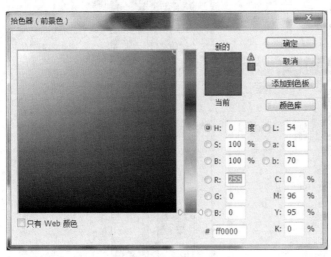

图 10-15

图 10-16

14. 在画面顶部输入文字，字体为"方正粗宋简体"，如图 10-17 所示，颜色设置如图 10-18 所示。

15. 输入影片主演信息，置于画面左中上部。字体为"方正粗宋简体"，颜色设置如图 10-19 所示。

图 10-17

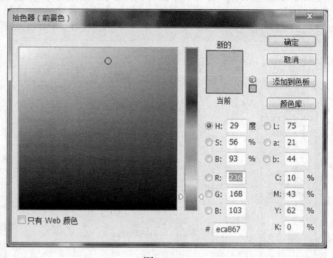

图 10-18

16. 各图层蒙版缩略图如图 10-20 所示。

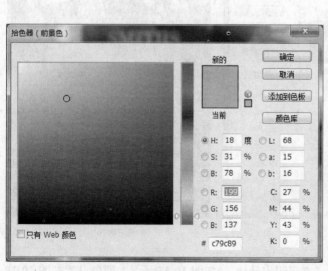

图 10-19

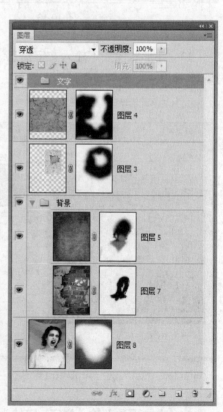

图 10-20

17. 最后可根据画面效果需要用色彩调整工具适当调整画面色调与色彩。完成最终效果，如图 10-21 所示。

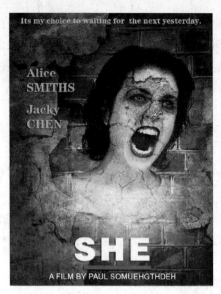

图 10-21

10.2 包装设计

一个产品要想从众多同类产品中脱颖而出，必须要有自己独特的东西。而"独特"最直接、最外在的表现就是它的外包装。好的包装设计不仅可以吸引人们的注意力，还应使人们能迅速地识别出商品的种类，使商品信息更准确、更直接地传达。

10.2.1 包装设计概述

包装设计是指在流通过程中为保护产品、方便储运、促进销售，按一定技术方法而采用的容器、材料和辅助物的过程中施加一定技术方法等的操作活动。在这里，我们主要指包装的视觉传达设计，包括商标、文字、色彩、图片等视觉元素的设计及合理配置。它将企业或商品所要表达的信息、意念、资料传达给消费者，并对消费者产生视觉冲击效果，令消费者产生注意力与兴趣，进而达到促销的目的。

10.2.2 包装设计要点

充分调动包装设计中的各个视觉要素，服务于产品信息的表达，追求表达方式上的标新立异与出奇制胜以及各视觉要素的完美组合，才能得到最佳的效果。

（1）包装设计中的图片要起到画龙点睛的作用，既能准确传达出产品信息，又能体现出品牌个性与新颖性。

（2）包装设计中的色彩设计思维，应该基于社会公众对于色彩的基本认识、欣赏习惯和个性化的审美趣味。

（3）包装设计的文字部分旨在充分传达信息，一般说明性文字编排形式变化不宜过多，品牌名文字则可以有多样性的编排变化，且字体应选用识别起来一目了然的字体。

（4）包装材料及工艺处理的光泽、色泽、肌理、凹凸变化也是包装视觉形象的影响要素。

（5）包装的结扎、吊挂等附加装饰处理，对丰富包装整体形象也有良好的表现效果。

（6）包装的结构设计应从力学上考虑对产品的可靠保护作用，适应包装、装卸、运输、储存、销售的全过程，考虑经济性原则。

10.2.3　课堂案例二

本案例制作一个月饼包装盒的盒盖面效果图。月饼是中国传统节日食品，所以其包装设计主要突出中国民族特色，设计元素选取荷花、古亭、满月和印章等。大致过程：先制作黄褐色背景色及其上由黑色到暗红色的渐变区域，再将红黑渐变区域的各元素进行排列，设置图层叠加模式，最后排列白色底纹部分，完成最终效果，如图 10-22 所示。

操作步骤如下。

1. 新建文档，参数设置如图 10-23 所示。

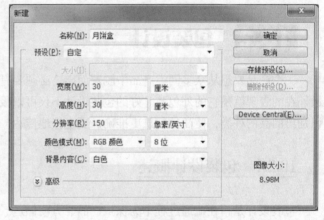

图 10-22　　　　　　　　　　　　　　　　　　　　图 10-23

2. 新建图层，并填充黄褐色，如图 10-24、图 10-25 所示。

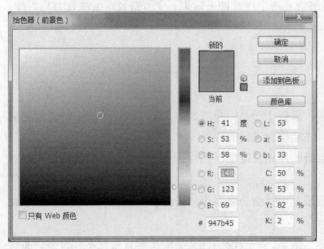

图 10-24　　　　　　　　　　　　　　　　　　　　图 10-25

3. 新建图层，绘制矩形区域，填充由黑色到暗红色的渐变色，如图 10-26～图 10-28
所示。

图 10-26

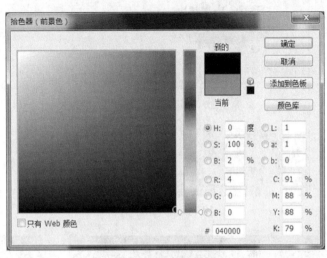

图 10-27

4. 导入"第 10 章/素材/包装设计"中的"荷花"素材，并调整其位置及大小，将其排列为
下图效果，然后合并图层，将图层叠加模式更改为"强光"，如图 10-29 所示。

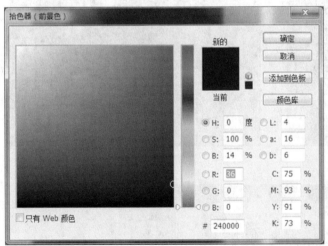

图 10-28

图 10-29

5. 打开"第 10 章/素材/包装设计"中的古亭素材，用魔棒工具选取浅色区域，并羽化，羽
化半径为 5。按 Delete 键删除所选，如图 10-30 所示。

6. 用羽化的选区删除古亭图片中其他不需要的部分，如图 10-31 所示。

7. 将处理完的古亭图片拖入"月饼盒"文档，设置图层叠加模式为"柔光"，不透明度为 75%，
如图 10-32 所示。

8. 新建图层，在渐变区域左上方绘制圆形选区，如图 10-33 所示。

9. 自左上到右下填充浅黄褐色到透明的渐变色，参数设置如图 10-34、图 10-35 所示。

图 10-30

图 10-31

图 10-32

图 10-33

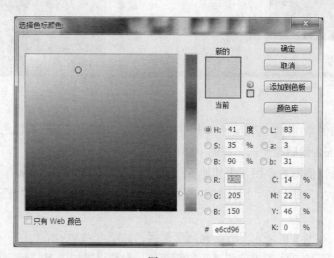

图 10-34

10. 图层叠加模式更改为"滤色"，不透明度为 25%，如图 10-36 所示。

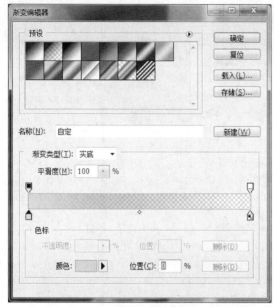

图 10-35

图 10-36

11. 用文字工具输入文字"中秋月"，"中秋"字体为"方正行楷简体"，"月"字体为"方正小篆体"，调整文字大小及位置。调整完成后将文字图层栅格化，载入选区，填充由浅黄褐色至白色的渐变色（其中浅黄褐色颜色设置同上）。将图层混合模式更改为"线性光"，不透明度为 90%，如图 10-37 所示。

12. 导入"第 10 章/素材/包装设计"中"印章"素材。用魔棒工具选区印章中红色部分，将其填充为和底色相同的黄褐色。调整印章位置及大小，并添加投影效果如图 10-38 所示。参数设置如图 10-39 所示。

图 10-37

图 10-38

13. 导入"第 10 章/素材/包装设计"中"底纹"素材。调整其位置及大小，使其在底纹上均匀排列。将各底纹图层的不透明度设置为 40%，如图 10-40 所示。

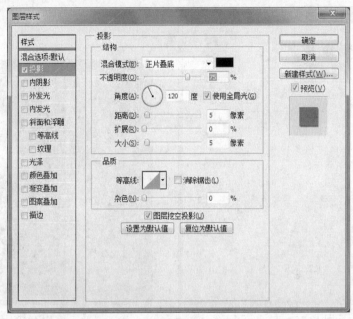

图 10-39

14. 最终完成效果如图 10-41 所示。

图 10-40

图 10-41

10.3 书籍装帧设计

书籍装帧设计是一门造型艺术。书籍装帧设计通过书籍的文字、插图、色彩的装饰设计来赋予书籍一个恰当的形式，帮助读者理解书籍的内容，领略书的基本精神和内涵，并以艺术的感染力吸引读者，为读者构筑丰富的审美空间、传达书籍的精神和情感，并使读者从中获得美的享受。

10.3.1　书籍装帧设计概述

从广义上来说，书籍装帧设计是指从书稿起始，经过策划、设计、制版印刷到装订成书的全过程。其内容包括：书籍造型设计、封面设计、护封设计、环衬设计、扉页设计、插图设计、开本设计、版式设计以及相关的纸张材料的应用、印装方法的确定。

10.3.2　书籍装帧设计要点

封面、扉页和插图设计是书籍装帧设计中的三大主要设计要素，它们可以通过多种艺术形式的设计体现书籍的主题精神及艺术风格。

（1）书籍的封面要依据书的题材和内容进行设计，通过对书籍内容的理解，构思出独特的创意，设计出与书籍内容相贴切的封面。

（2）书籍封面上的文字设计需简练，应该让读者在最短时间内了解书籍的相关信息。并使文字有机地融入画面结构中，参与各种排列组合和分割，产生趣味新颖的形式，让人感到言有尽而意无穷。

（3）封面设计中色彩的运用应由书的内容和阅读对象的特征决定。如时尚类的书籍适宜用对比较为强烈的色彩，悬疑类型的书籍宜用黑白色或暗色调的色彩。读者的年龄、性别、文化素养、民族、职业不同，对于书籍色彩的偏好也会有不同。

（4）书籍开本的设计要根据书籍的不同类型、内容、性质来决定。不同的开本会产生不同的审美情趣，表达不同的情绪。如窄开本的书显得俏，宽的开本给人大气的印象，标准化的开本则显得四平八稳。

（5）扉页的设计要简洁，注重留白，让读者在进入正文之前有放松的空间。扉页的字体不宜太大，主要字体应与封面的字体保持一致。

（6）书籍装帧设计应引入以人为本的交互设计。即以人为主导，以书籍为主体，增强书籍与读者的交流，建立良好的视线引导关系，让读者参与到阅读过程中来，使读者与书籍实现相互影响和作用，从而享受到阅读的愉悦。

10.3.3　课堂案例三

本案例制作大 16 开本的《学生顶岗实习手册》封面，包括封面、封底和书脊部分。主要设计内容在封面部分。大致过程：将页面填充深蓝到浅蓝的渐变色，导入校徽校名素材，输入相关文本并做相应处理，用钢笔工具勾画路径，填充颜色，更改不透明度和混合模式，复制多个路径图层自由变换并相互叠加，完成最终效果，如图 10-42 所示。

操作步骤如下。

1. 该书籍为大 16 开本，新建文档，参数设置如图 10-43 所示。注意中间留出书脊尺寸，且印刷品上下左右各需留出出血尺寸。

2. 设置渐变色，填充背景图层，如图 10-44～图 10-47 所示。

图 10-42

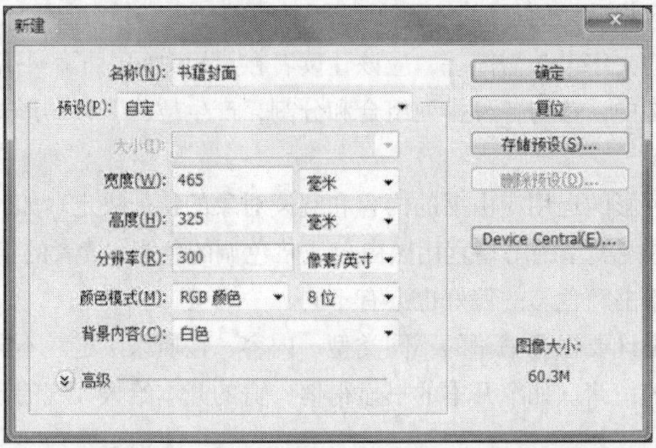

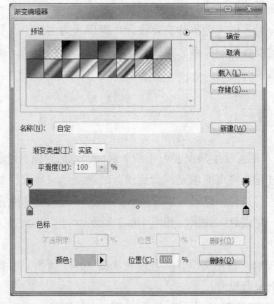

图 10-43

图 10-44

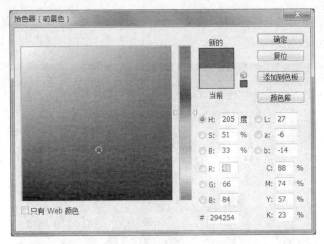

图 10-45

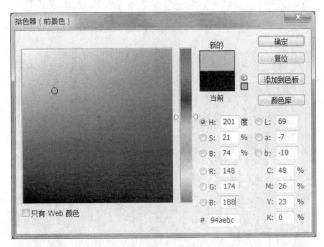

图 10-46

图 10-47

3. 打开"第 10 章/素材/书籍封面设计"中"校徽"素材，拖放至文档中相应位置，如图 10-48 所示。

4. 设置前景色为白色，新建图层，用画笔工具在校徽右侧绘制垂直线段。打开"第 10 章/

素材/书籍封面设计"中"校名"素材，放至下图位置，输入文字"学生顶岗实习手册"，字体为"微软雅黑"，如图 10-49 所示。

图 10-48

图 10-49

5. 输入文字"TIANJIN ELECTRONIC INFORMATION VOCATIONAL TECHNOLOGY COLLEGE"，字体为"方正报宋简体"，如图 10-50 所示。

图 10-50

6. 打开该文字图层的图层混合模式面板，为该层添加渐变叠加效果。参数设置如，如图 10-51 所示。渐变颜色设置同背景层渐变色。

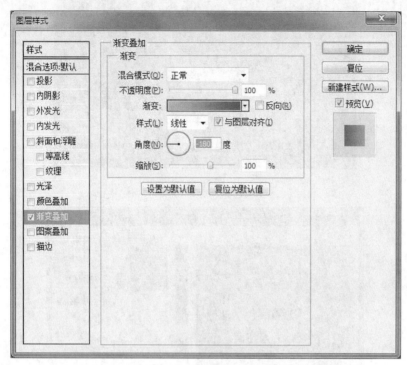

图 10-51

7. 将该文字层复制一层，调整位置和大小如图 10-52 所示。

图 10-52

8. 输入文字"XUE SHENG DING GANG SHI XI SHOU CE"，字体为"方正报宋简体"，如图 10-53～图 10-54 所示。

9. 输入图 10-55 中的文字，字体为"方正粗倩简体"。

图 10-53

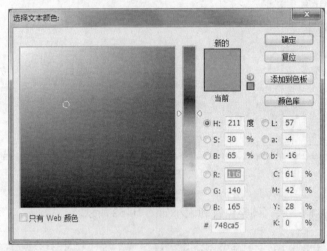

图 10-54

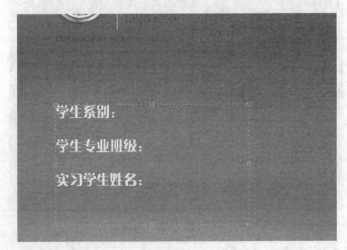

图 10-55

10. 用钢笔工具勾画下图中路径,并将其转换成选区,填充颜色。将该层图层模式调整为强光,不透明度为 26%,如图 10-56~图 10-58 所示。

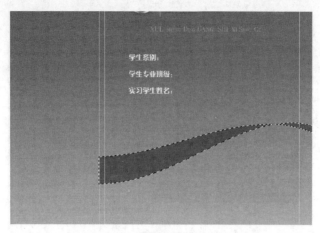

图 10-56

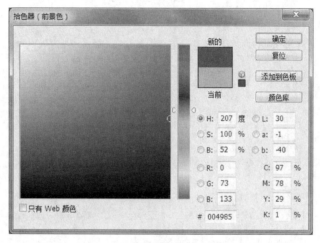

图 10-57

图 10-58

11. 按住 Ctrl 键将上述图层载入选区，按下 Ctrl+J 快捷键复制图层，将复制出的图层填充浅一点的蓝色，对其进行自由变换，调整角度和位置。图层混合模式为强光，不透明度 26%，如图 10-59、图 10-58 所示。

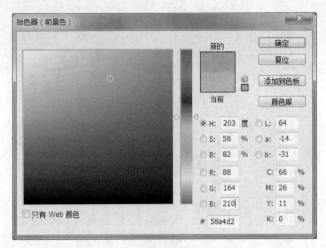

图 10-59

图 10-60

12. 制作其他四个路径图层，方法同上，如图 10-61 所示。

图 10-61

13. 用钢笔工具勾画下图中路径，并将其转换成选区，填充颜色。将该层图层模式调整为变亮，不透明度为58%，如图 10-62、图 10-63 所示。

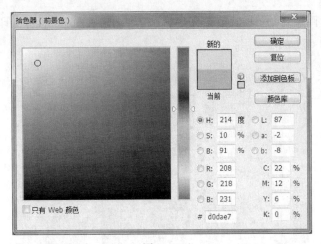

图 10-62

图 10-63

14. 按住 Ctrl 键将上述图层载入选区，按下 Ctrl+J 快捷键复制图层，将复制出的图层填充深一点的蓝色，对其进行自由变换，调整角度和位置。图层混合模式为变亮，不透明度 58%。同样的方法制作其他四个路径图层，如图 10-64 所示。

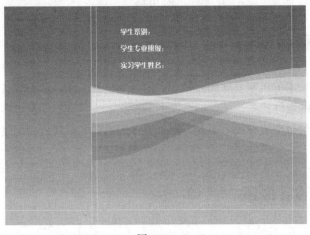

图 10-64

305

15. 将"校名"图层复制一层，放在页面下方位置，输入文字"教务处印刷"，字体为"方正粗倩简体"，如图 10-65 所示。

图 10-65

16. 最终完成效果如图 10-66 所示。

图 10-66

10.4 网页设计

随着计算机网络技术的迅速发展和普及，人们的生活、工作、学习等各方面变得更加便捷自由。网络作为一种新的媒体形式，不仅综合了图形、文字、声音、动画等多种信息载体，同时给人们提供了一个新的信息交流方式。由此，网页设计的视觉元素就成为网络信息传达的重要组成部分。

10.4.1 网页设计概述

网页作为一种新兴的视觉传达表现形式，兼容了传统平面设计的特征，又具备其所没有的优势，成为今后信息交流的一个非常有影响的途径。网页设计更是一种综合性的设计，设计者必须充分认识网络，了解网络的特征，同时结合视觉传达原则，才能使网页设计更加适合于网络上的传播、便于网民的阅读。一个好的网页设计除了要考虑其内容上的精益求精外，还要考虑有效的视觉编排。

10.4.2　网页设计要点

对于网页设计来讲，其信息内容的有效传达是通过将各种构成要素的设计编排来实现的。网页的构成要素包括图形图像、文字、色彩等视觉传达要素及标题、信息菜单、信息正文、标语、单位名称等内容要素。

（1）在进行网页设计时首先要考虑其风格定位。任何网页都要根据主题内容决定其风格与形式，因为只有形式与内容的完美统一，才能达到理想的宣传效果。

（2）网页设计要在有限的屏幕空间上将视听多媒体元素进行有机的排列组合。网页内容繁多，在视觉元素的编排上要遵循主次分明、大小搭配和图文并茂的原则。

（3）网页直接通过光色的传递将信息显示在屏幕上，在色彩搭配上应选择合理的、符合人的生理和心理特质的色彩。网页的整体色彩效果应该是和谐的，只有局部、小范围的地方可以有一些强烈色彩的对比。因此，应先确定网站的主色调，在此基础上搭配辅色。

（4）文字是网页设计元素中信息传达的主角，应根据不同网页特性的需求选择标题性的文字。文本字体一般采用浏览器默认的字体或以图片方式出现，文字的创意主要集中在对文字块整体造型的设计上，通过文字的整体形状、形象设计增加网页页面的感染力。

（5）图形图像在应用到网页页面之前，需要对其本身的内容进行周密、精心的筛选，之后使用统一的图片处理效果，选择合适大小、搭配协调的色调，经营最佳的位置，以增进网页整体效果。

10.4.3　课堂案例四

本案例制作网站首页效果图，制作技巧较为简单，相关图层较多，在制作过程中应随时为图层命名，并创建图层文件夹对图层进行归纳整理。大致过程：先制作网站顶部，需用仿制图章和模糊工具将两张图片无痕拼接在一起，然后制作导航栏，再制作网站主要内容区，相似部分可以直接复制粘贴，更改相应文字和图片即可，最后制作网站底部，网站底部在色彩和背景上与顶部呼应，整个网站色彩和风格统一，如图 10-67 所示。

操作步骤如下。

1. 新建文档，参数设置如图 10-68 所示。

2. 打开"第 10 章/素材/网站"中"网站顶部"素材，如图 10-69 所示。并将其拖放至首页文档的顶部，调整位置和大小。

3. 顶部图片宽度与首页文档不符，按下 Alt 键拖曳图片，将其复制一份，如图 10-70 所示，并与原图层拼接在一起。

4. 接痕处用"仿制图章"工具和"涂抹"工具进行处理，处理完毕后向下合并图层，并删除图片下方黄橙色部分。效果如图 10-71 所示。

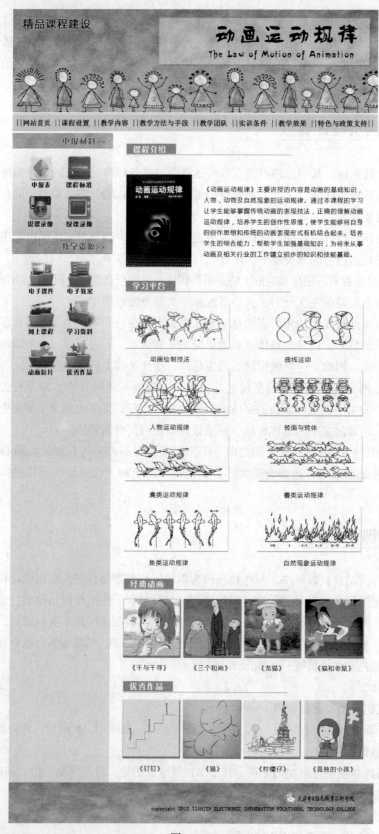

图 10-67

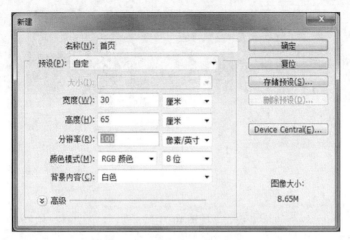

图 10-68

图 10-69

图 10-70

图 10-71

5. 新建图层，用选区工具绘制矩形选区并填充白色，图层不透明度调整为 43%。为其添加投影效果，如图 10-72 示。参数设置如图 10-73 所示。

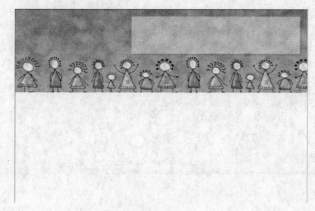

图 10-72

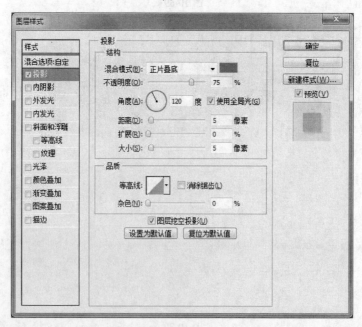

图 10-73

6. 输入文字，字体为"方正平和简体"，如图 10-74 所示。

图 10-74

7. 页面左上角输入文字，并添加外发光效果，如图 10-75 所示，参数设置如图 10-76 所示。

图 10-75

8. 新建图层，用选区矩形选区，填充橙黄色，用画笔工具在矩形上方绘制横直线，如图 10-77、图 10-78 所示。

9. 输入导航栏文字。字体为宋体，颜色为黑色，如图 10-79 所示。

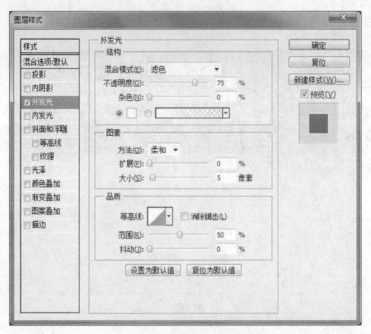

图 10-76

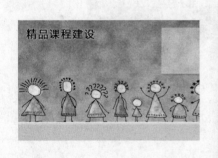

图 10-77

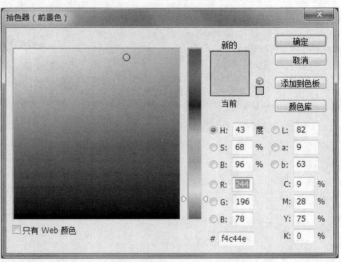

图 10-78

图 10-79

10. 选择"顶部图片"图层，绘制矩形选区，按下 Ctrl+J 快捷键复制图层，如图 10-80 所示。

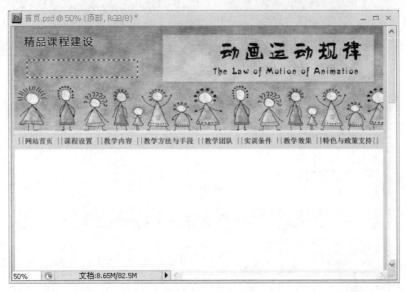

图 10-80

11. 设置图层样式，参数设置如图 10-81 所示。

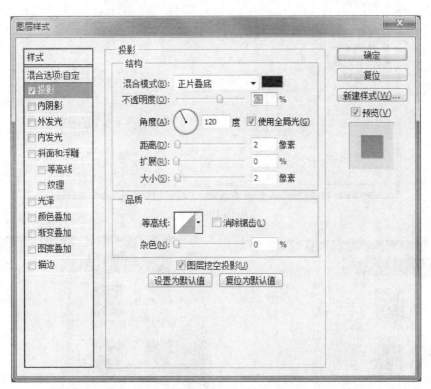

图 10-81

12. 新建图层，绘制矩形选区，为图层添加渐变叠加样式，如图 10-82、图 10-83 所示。
13. 导入"第 10 章/素材/网站"中"图标"素材，调整其位置和大小，如图 10-84 所示。

图 10-82

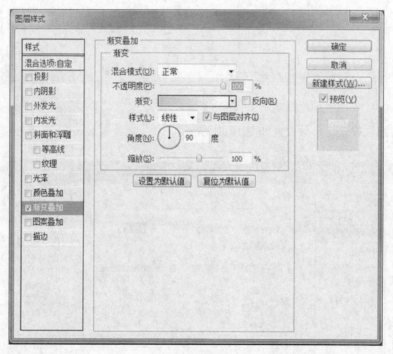

图 10-83

图 10-84

图 10-85

14. 输入下列文字信息。字体为"方正粗倩简体"。为"申报材料>>"添加描边和投影效果，如图 10-85 所示。参数设置如图 10-86、图 10-87 所示。

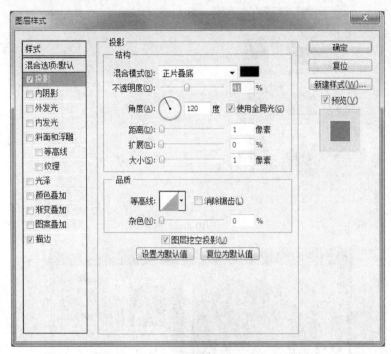

图 10-86

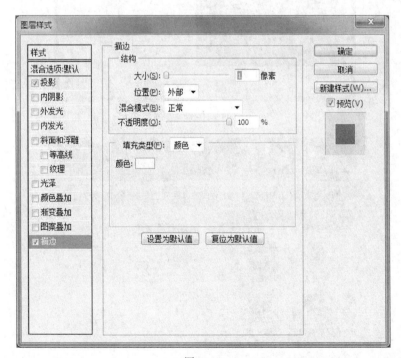

图 10-87

15. 制作教学资源部分，方法同上。或者复制上述图层，更换相应图标和文字，如图 10-88 所示。

16. 新建图层，创建矩形选区，填充蓝色。颜色设置参数如图 10-89 所示，效果如图 10-90 所示。

图 10-88

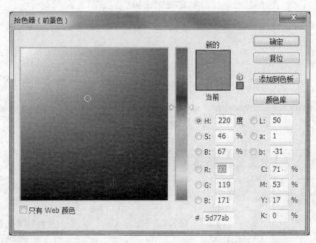

图 10-89

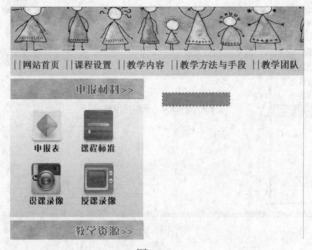

图 10-90

17. 用画笔工具绘制橙黄色横直线。颜色设置参数如图 10-91 所示。并输入文字"课程介绍"，字体为"方正粗倩简体"，颜色为白色，如图 10-92 所示。

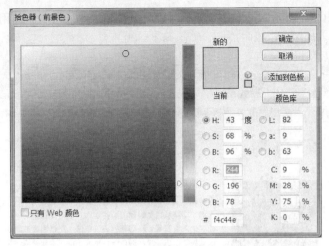

图 10-91

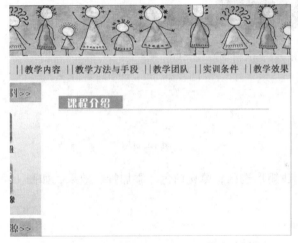

图 10-92

18. 复制出其他几层类似图层，更改为相应文字，如图 10-93 所示。

图 10-93

19. 导入"第 10 章/素材/网站"中"教材"素材，调整大小及位置。使用文本框输入相应文字。字体为"宋体"，如图 10-94 所示。

图 10-94

20. 新建图层，创建矩形选区，填充白色。添加投影效果，如图 10-95 所示。参数设置如图 10-96 所示。

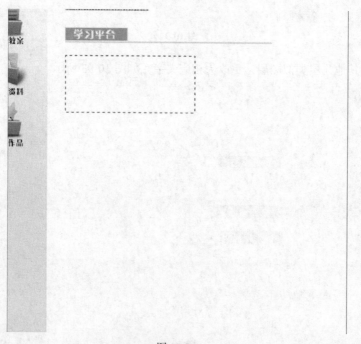

图 10-95

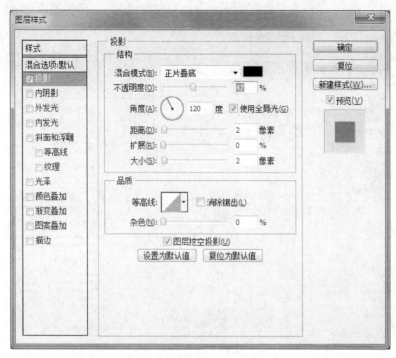

图 10-96

21. 将该层复制出其他 7 份，效果如图 10-97 所示。

图 10-97

22. 输入相应文字，字体为"微软雅黑"。导入对应素材图片。效果如图 10-98 所示。

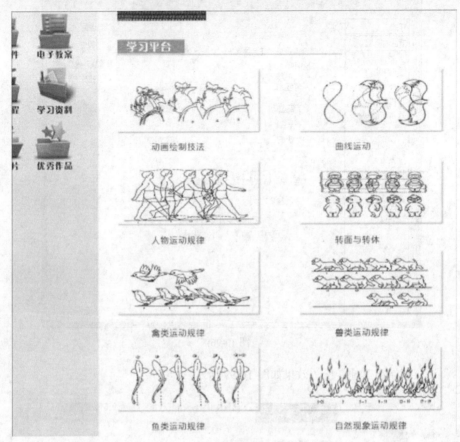

图 10-98

23. 新建图层，创建方形选区，填充蓝色，并添加投影效果，如图 10-99～图 10-101 所示。

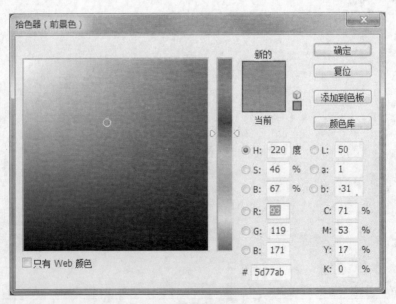

图 10-99

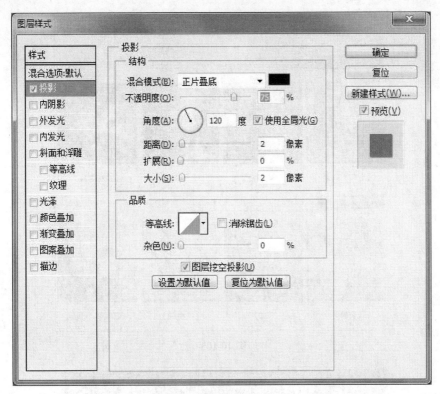

图 10-100

24. 将该层复制出其他 7 份,效果如图 10-102 所示。

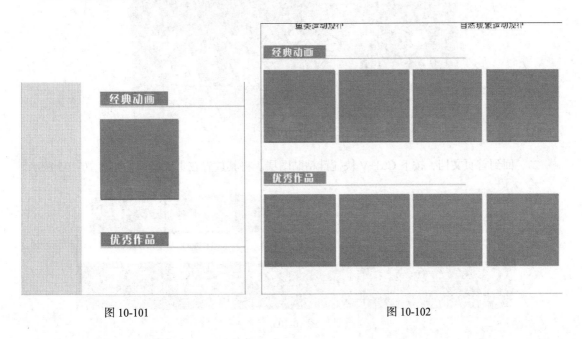

图 10-101   图 10-102

25. 输入相应文字,字体为"微软雅黑"。导入对应素材图片。效果如图 10-103 所示。

26. 打开"第 10 章/素材/网站"中"网站顶部"素材,创建矩形选区,按下 Ctrl+C 快捷键复制图层,如图 10-104 所示。

图 10-103

图 10-104

27. 回到首页文档，按下 Ctrl+V 快捷键粘贴图层。将其放置在页面底部，如图 10-105 所示。

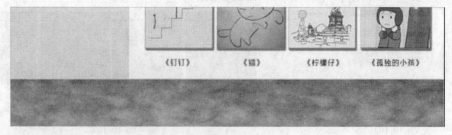

图 10-105

28. 导入"第 10 章/素材/网站"中"校徽校名"素材，并输入文字"copyright 2012 TIANJIN ELECTRONIC INFORMATION VOCATIONAL TECHNOLOGY COLLEGE"，字体为"times new roman"，颜色为黑色，如图 10-106 所示。

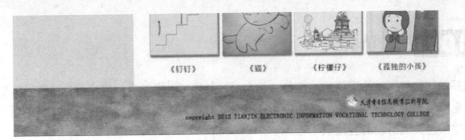

图 10-106

29. 因该文档图层较多，应创建各文件夹分别归纳相关图层，并在制作过程中为各图层命名，方便更改与查找图层，如图 10-107 所示。

30. 最终完成效果如图 10-108 所示。

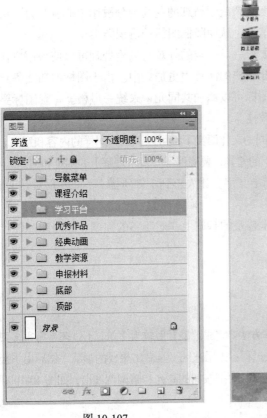

图 10-107

图 10-108

10.5 图标设计

图标是软件和网站的重要组成部分，是人们接触虚拟世界的直接媒介，也是数码信息视觉化表现的重要体现。数码界面中的图标也是人机交互的重要语言，图标设计将直接影响到人们在数码环境中信息交流活动的质量。

10.5.1 图标设计概述

图标的英文翻译为"Icon"，指具有标识意义的视觉符号。在数码界面中，图标往往指代一个链接、一个选项、一个功能等。点击图标可以产生不同的命令，如打开一个文件或者执行一个程序。因此，图标的视觉符号需要与它指代的功能相关，这样可以令使用者产生联想，从而激发使用者的形象思维，提高图标的使用效率。

10.5.2 按钮图标设计要点

图标从视觉形态上可以分为二维图标和三维图标。二维图标即平面化的图标形式，三维图标形式与二维图标相同，只是在视觉上，通过对图案增加阴影、透视等效果，使图标在视觉上有一定的立体感、三维感。表现手法可采用写实、象征、抽象、比喻等。

（1）图标设计应把识别性放在首位，过度复杂或者精细的花纹会分散用户的注意力，从而使用户需要花更长的时间处理图标需要传达的信息，从而降低图标的辨识能力。

（2）一套图标设计中各图标的形式风格要统一。一致的外观与风格处理可以使得用户在操作过程中依据视觉经验减低认知负担，还可以让用户的注意力更加集中。由于图标的功能各异，所用的图形必定不同，在同一软件界面里面的图标可以添加共同元素来统一风格。一套图标要使用统一的透视，注意保持光、影子、反射的一致性。

（3）图标设计要注意兼容性，即图标在不同的文化语义下都可以识别为同样的内容和意义。在设计图标的时候，要充分考虑到各种用户在理解上的差异，要确保不要发生理解上的困难和偏差。

（4）尽量避免在在图标中使用文字。图标中文字会让人感到不知所措，不能实现对其他地区、国家或者语言的本地化。

（5）在当今显像技术的成熟和触摸屏技术普及的基础上，对质感的强调是如今图标设计的一种趋势。

10.5.3 课堂案例五

本案例介绍非常精致的彩色水晶按钮的制作方法。完成效果看似较为简单，不过还是有很多细节需要用心去处理，如按钮的高光及倒影部分。大致过程：先用选区工具做出想要的形状，然后由下至上用蒙版及图层样式做出各层的质感和光感，主要难点是要把按钮的高光和暗调调和谐，如图 10-109 所示。

操作步骤如下。

1. 新建文档，参数设置如图 10-110 所示。

图 10-109

图 10-110

2. 设置前景色为浅灰色，用形状工具绘制圆形形状，如图 10-111、图 10-112 所示。

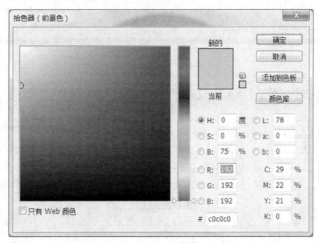

图 10-111

图 10-112

3. 为该层添加阴影、内发光和渐变叠加效果，如图 10-113～图 10-116 所示。

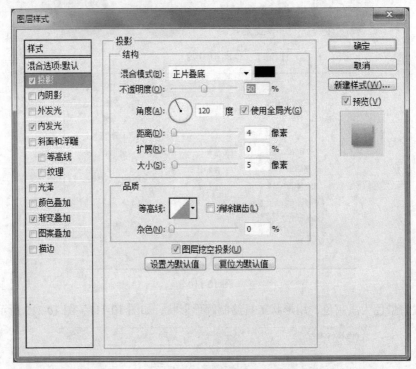

图 10-113

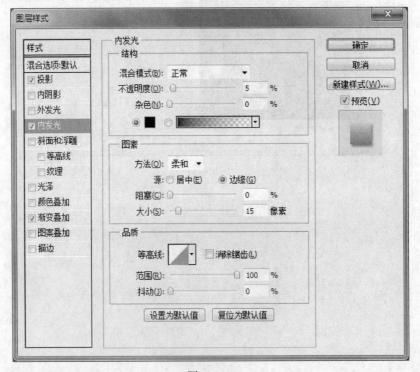

图 10-114

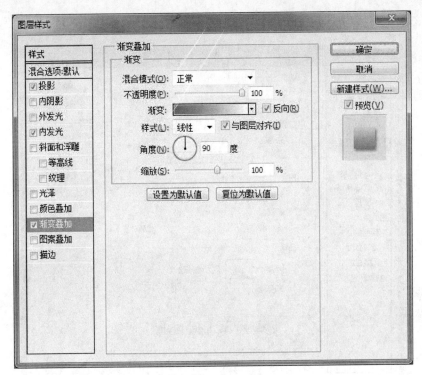

图 10-115

图 10-116

4. 设置前景色为浅灰色，用形状工具绘制圆形形状，如图 10-117 所示。

图 10-117

5. 为该层添加外发光、内发光和渐变叠加效果，如图 10-118～图 10-121 所示。

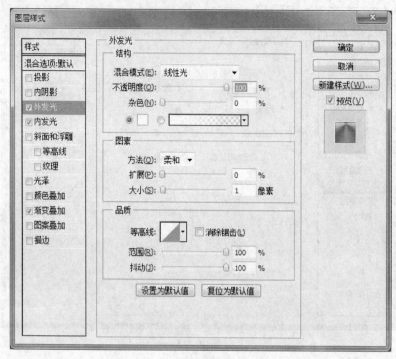

图 10-118

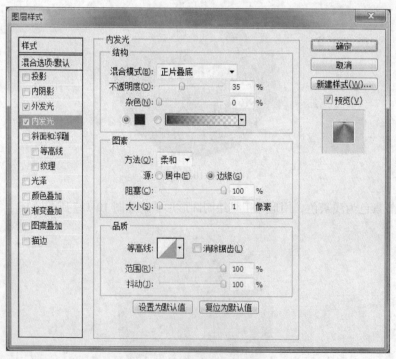

图 10-119

6. 设置前景色为绿色，用形状工具绘制圆形形状。设置不同颜色可得到不同颜色的水晶按钮效果，如图 10-122、图 10-123 所示。本案例以其中绿色水晶按钮为例。

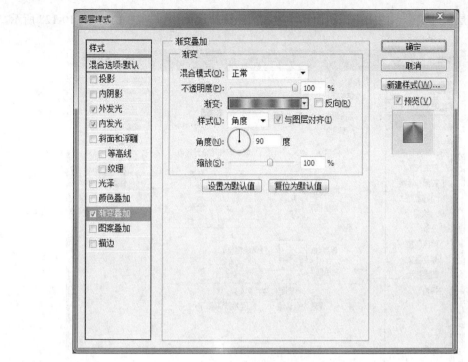

图 10-120

图 10-121

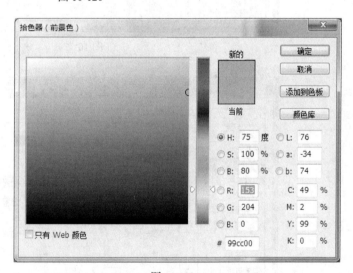

图 10-122

图 10-123

7. 为该层添加投影、内阴影、斜面和浮雕和渐变叠加效果，如图 10-124～图 10-128 所示。

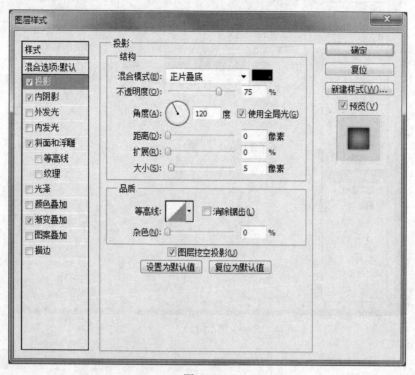

图 10-124

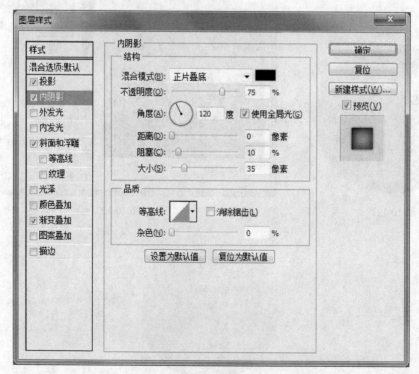

图 10-125

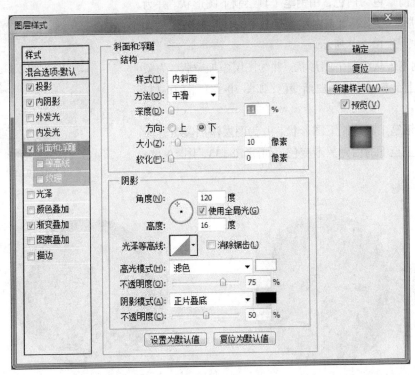

图 10-126

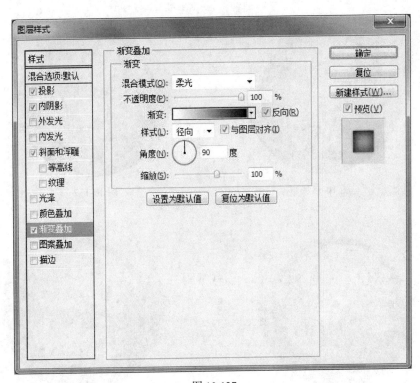

图 10-127

8. 设置前景色为白色，用钢笔工具绘制下图形状。并为图层添加蒙版，为蒙版填充由左上至右下的白到黑渐变色，如图 10-129、图 10-130 所示。

9. 用钢笔工具绘制下图形状。并为图层添加蒙版，为蒙版填充由左上至右下的黑到白渐变色，如图 10-131、图 10-132 所示。

10. 用钢笔工具绘制下图形状。并为图层添加蒙版，为蒙版填充由上至下的白到黑渐变色，如图 10-133、图 10-134 所示。

图 10-128

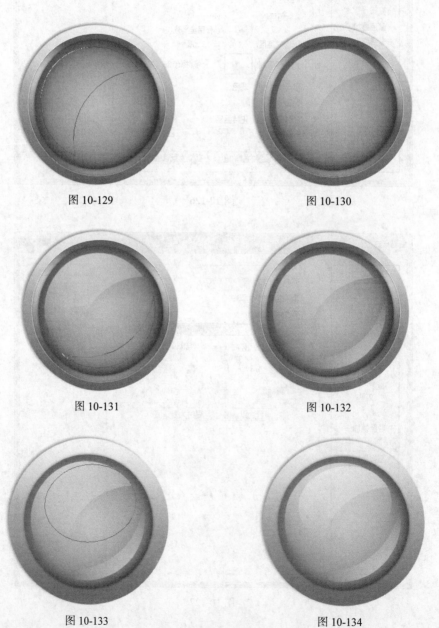

图 10-129

图 10-130

图 10-131

图 10-132

图 10-133

图 10-134

11. 用钢笔工具绘制下图形状。并为图层添加蒙版，为蒙版填充由左上至右下的黑到白再到黑的渐变色，如图 10-134、图 10-136 所示。

图 10-135

图 10-136

12. 最终完成效果及各图层蒙版缩略图如图 10-137、图 10-138 所示。

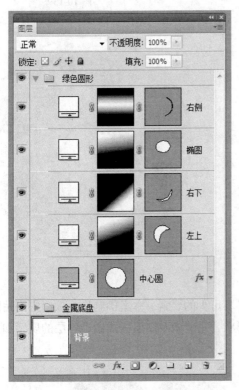

图 10-137

图 10-138

10.6　技能实训练习

一、本案例制作一款公益海报设计，号召我们保护环境，拯救企鹅和它们的家园，拯救我们的地球。大致过程：先将素材图片调色后进行合成，再输入相关文字，完成最终效果，如图 10-139 所示。

要点提示：

1．将素材图片进行色调调整；

2．将"乌云"素材和"企鹅"素材利用蒙版进行合成，压暗上方天空颜色；

3．添加文字。

二、本案例制作歌手 CD 唱片封面设计，CD 封面设计需与 CD 唱片特点以及歌手风格相符合。大致过程：将人物素材执行"阈值"处理，将各素材叠加在人物上层并设置图层样式，添加文字信息，如图 10-140、图 10-141 所示。

要点提示：

1．用"阈值"命令将人物素材处理为黑白效果；

2．各素材叠加在人物上层，设置合适的图层样式，过于杂乱的部分可添加图层蒙版做适当处理；

3．制作右下唱片标签，添加文字信息。

图 10-139

图 10-140

图 10-141

三、晶莹剔透的水晶按钮图标是数码界面必不可少的要素，本案例制作一款销售网站图标。大致过程：用钢笔工具由下层至上层绘制所需形状，用蒙版及图层样式做出各层的质感和光感，如图 10-142 所示。

图 10-142

要点提示：

1．用钢笔工具绘制上部圆角倒三角形形状及下部贝壳形状，填充相应颜色；

2. 逐层绘制光影形状，根据透视效果填充颜色并设置蒙版效果及图层样式；

3. 添加相应文字并设置图层样式。

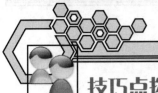

技巧点拨

1. 如果复制了一张图片存在剪贴板里，Photoshop 在新建文件（Ctrl+N）的时候会以剪贴板中图片的尺寸作为新建图的默认大小。要略过这个特性而使用上一次的设置，在打开的时候按住 Alt 键（Ctrl+Alt+N）。

2. 按 Tab 键可切换显示或隐藏所有的控制板（包括工具箱），如果按 Shift+Tab 快捷键则工具箱不受影响，只显示或隐藏其他的控制板。

3. 按住 Alt 键后再单击显示的工具图标，或者按住 Shift 键并重复按字母快捷键则可以循环选择隐藏的工具。

4. 在图层、通道、路径调板上，按 Ctrl 键并单击一图层、通道或路径会将其作为选区载入；按 Ctrl+Shift 快捷键并单击，则添加到当前选区；按 Ctrl+Shift+Alt 快捷键并单击，则与当前选区交叉。

5. 通过使用快速蒙版、色彩范围、磁性套索、路径等工具创建的较为复杂的选区，在选择范围明确、效果符合图像创作的要求时要及时使用"保存选区"命令，对选区范围进行保存并命名，以方便在将来的创作中使用，避免重复劳动。

6. 移动图层和选区时，按住 Shift 键可做水平、垂直或 45°角的移动；按键盘上的方向键可做每次 1 个像素的移动；按住 Shift 键后再按键盘上的方向键可做每次 10 个像素的移动。

7. 在勾勒路径时，我们最常用的操作是像素的单线条的勾勒，但会有矩齿存在，很影响实用价值，此时我们不妨先将其路径转换为选区，然后对选区进行描边处理，同样可以得到原路径的线条，却可以消除矩齿。

8. 滤镜的处理效果以像素为单位，相同的参数处理不同分辨率的图像，效果会不同。

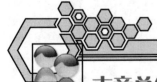

本章总结

本章将 Photoshop 软件功能和实际商业案例结合起来，讲述了海报设计、包装设计、书籍装帧设计、网页设计和图标设计的设计原则，并通过 5 个商业设计实例从不同方面表达了平面设计的创意方法和制作技法，内容涉及从较为基础的抠图、到使用钢笔工具绘制不同形态的路径、再到图层蒙版和通道技术的使用以及千变万化的滤镜效果应用。通过本章的学习，读者不仅能知晓相关设计理论知识，更能对 Photoshop 操作技能有一个全面的理解和提升。

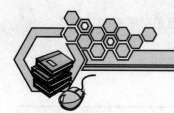

参考文献

[1] 成昊. Photoshop CS 平面设计教程. 北京. 科学出版社. 2006

[2] 龙腾科技. Photoshop CS 经典效果实例与操作. 科学出版社. 2006

[3] 龚祥国. Photoshop 图像处理实训教程. 科学出版社. 2007

[4] 方奋奇. Photoshop CS 实训指导. 中国水利水电出版社. 2006

[5] 雷波. Photoshop 设计宝典. 中国电力出版社. 2007

[6] 华艺创远. Photoshop CS3 印象图层与通道技术精粹. 北京. 人民邮电出版社. 2008

[7] 雷波. Photoshop CS3 标准培训课程. 中国电力出版社. 2010

[8] 钟星翔. Photoshop CS3 图像设计与制作技能实训教程. 科学出版社. 2010

[9] 刘超. Photoshop CS4 完全学习教程. 中国青年出版社. 2010

[10] 唐有明. 从新手到高手:Photoshop CS4 中文版. 北京. 清华大学出版社. 2010

[11] 李金明. 中文版 Photoshop CS5 完全自学教程. 北京. 人民邮电出版社. 2010

[12] 罗二平. Photoshop 实训教程. 北京. 兵器工业出版社. 2011

[13] 通图文化. Photoshop 精彩实例超级宝典. 北京. 人民邮电出版社. 2012

[14] 锐艺视觉. WOW!不一样的 Photoshop 创意设计. 北京. 中国青年出版社. 2012

[15] 钟星翔. 完全掌握:Photoshop CS6 白金手册. 北京. 清华大学出版社. 2013

[16] 中国设计网：http://www.cndesign.com/

[17] 国际艺术界：http://www.giart.cn/

[18] PS 联盟--Photoshop 专业教程网：http://www.68ps.com/

[19] 百度文库 http://wenku.baidu.com/

[20] 中国教程网 http://www.jcwcn.com/

[21] 21 互联 http://www.21hulian.com/